电力科学与技术发展
——年度报告——
2023

超导电力技术发展报告

中国电力科学研究院　组编

中国电力出版社
CHINA ELECTRIC POWER PRESS

图书在版编目（CIP）数据

电力科学与技术发展年度报告 . 超导电力技术发展报告：2023 年 / 中国电力科学研究院
组编 . -- 北京：中国电力出版社，2024. 12. -- ISBN 978-7-5198-8794-0

Ⅰ . TM

中国国家版本馆 CIP 数据核字第 2024JA1474 号

出版发行：中国电力出版社
地　　址：北京市东城区北京站西街 19 号（邮政编码 100005）
网　　址：http://www.cepp.sgcc.com.cn
责任编辑：周秋慧　王梦琳
责任校对：黄　蓓　王海南
装帧设计：郝晓燕　永诚天地
责任印制：石　雷

印　　刷：北京九天鸿程印刷有限责任公司
版　　次：2024 年 12 月第一版
印　　次：2024 年 12 月北京第一次印刷
开　　本：889 毫米 ×1194 毫米　16 开本
印　　张：4.5
字　　数：92 千字
定　　价：70.00 元

电力科学与技术发展年度报告

超导电力技术发展报告（2023年）

当前，世界百年未有之大变局加速演进，科技革命和产业变革日新月异，国际能源战略博弈日趋激烈。为发展新质生产力和构建绿色低碳的能源体系，中国电力科学研究院立足于电力科技领域的深厚积累，围绕超导、量子、氢能等多学科领域，力求在前沿科技的应用与实践上、在技术的深度和广度上都有所拓展。为此，我们特推出电力科学与技术发展年度报告，以期为我国能源电力事业的发展贡献一份绵薄之力。

"路漫漫其修远兮，吾将上下而求索。"自古以来，探索与创新便是中华民族不断前行的动力源泉。中国电力科学研究院始终坚守这份精神，致力于锚定世界前沿科技，服务国家战略部署。经过一年来的努力探索，编纂成电力科学与技术发展年度报告，共计 6 本，分别是《超导电力技术发展报告（2023 年）》《新型储能技术与应用研究报告（2023 年）》《面向新型电力系统的数字化前沿分析报告（2023 年）》《电力量子信息发展报告（2023 年）》《虚拟电厂发展模式与市场机制研究报告（2023 年）》《电氢耦合发展报告（2023 年）》。这些报告既是我们阶段性的智库研究成果，也是我们对能源电力领域交叉学科的初步探索与尝试。

"学然后知不足，教然后知困。"我们深知科研探索永无止境，每一次的突破都源自无数次的尝试与修正。这套报告虽是我们的一家之言，但初衷是为了激发业界的共同思考。受编者水平所限，书中难免存在不成熟和疏漏之处。我们始终铭记"三人行，必有我师"的古训，保持谦虚和开放的态度，真诚地邀请大家对报告中的不足之处提出宝贵的批评和建议。我们期待与业界同仁携手合作，不断深化科研探索，继续努力为我国能源电力事业的发展贡献更多的智慧和力量。

中国电力科学研究院有限公司

2024 年 4 月

序 言

随着能源需求的不断增长，超导电力技术作为一种先进的技术手段，在助力实现电力安全可靠供应和清洁低碳转型等多个方面，都表现出了良好的应用前景和巨大的发展潜力，超导电力技术的实用化必将对国民经济和社会发展的诸多领域产生巨大的推动作用。

超导材料的发展是超导电力技术进步的前提和基础，2021 年，工业和信息化部、科技部、自然资源部三部门联合印发《"十四五"原材料工业发展规划》，强调要实施前沿材料前瞻布局行动，支持科研单位联合企业发展超导材料，推动新的主干材料体系化发展。目前 Bi 系和 Y 系高温超导带材均已实现国产化，产品性能不断提升，对超导技术的多行业、多场景应用具有极大的促进作用。

超导电力技术是解决电力系统中若干难题的一项革命性技术，将超导技术应用于电力系统，无论是从装置特性还是从系统特性上，都可以取得若干常规技术无法达到或难以实现的性能。近年来，随着研发投入增加、产业升级以及电网等诸多用户企业的积极参与，中国在超导电力技术研究和工程应用方面的进步正在不断加速，研究能力和取得的成果正在向国际先进水平靠近。

中国电力科学研究院有限公司联合中国科学院电工研究所，编写了《超导电力技术发展报告（2023）》。报告分析了国内外超导政策与战略，总结了以超导电缆、超导储能、超导限流器和超导变压器为代表的超导电力技术的发展现状，提出了超导电力技术的未来发展趋势。现面向社会和行业公开发布，以期助力我国超导电力技术的全面发展。

展望未来，我国超导电力技术的市场规模和应用前景广阔，但是当前阶段，仍需行业内各单位团结协作、共同努力，早日实现超导电力技术从实验室研究向产业化应用迈进！

中国科学院院士

中国科学院电工研究所研究员

2024 年 4 月

前　言

　　党的二十大要求深入推进能源革命，加快规划建设新型能源体系。新形势下，超导电力技术作为一种基于超导材料零电阻、高密度载流等独特电工学特性的新兴技术，具有巨大的发展潜力。

　　近年来，随着超导电力技术不断成熟，超导电缆、超导储能、超导限流器和超导变压器等超导电力装备已在电力系统输、配、用不同环节实现了多场景应用。未来超导技术的广泛推广应用，必将对电力、能源、交通、通信、医疗、科学研究等诸多行业带来重大的影响，给电网的发展带来重大变革。中国电力科学研究院有限公司研究分析国内外超导电力技术的政策与战略，梳理超导电力技术现状，提出后续发展趋势和建议，将研究成果以研究报告的形式公开发布，以期为促进中国超导应用技术及相关行业的健康有序发展贡献力量。

　　本报告主要涉及以下内容：第 1 章介绍了编制本研究报告的背景和意义，国内外在超导相关领域发布的政策措施和战略规划；第 2 章介绍了在能源电力领域超导相关的国际和国内热点事件；第 3 章分别介绍了超导电缆、超导储能、超导限流器和超导变压器的技术原理和研究进展；第 4 章介绍了超导电力技术的发展趋势、应用场景和研发重点，分析并提出了超导电力技术发展路线图；第 5 章对报告全文进行了总结和展望。

　　报告可以为超导材料厂家、超导电力装备研发与生产厂家、低温技术公司、设计单位等与超导电力相关的企业、研究机构提供借鉴，也可以为政府部门制定政策提供参考。

　　超导电力技术正处于快速发展阶段，涉及范围广、技术路线多样，本报告难免存在纰漏和不足，恳请读者批评指正。

编者

2024 年 4 月

CONTENTS

目 录

Chapter 1

概　述

1.1　背景和意义

超导材料具有零电阻、高密度载流、超导态 / 正常态转变、低场下的完全抗磁性等独特的电工学特性，这些特性使得它完全区别于传统的铜、铝等导体材料。超导电力技术就是充分利用超导材料的这些特性，构建先进超导电力装备并实现在电力系统中的应用，超导电力技术的发展与广泛应用必将对电网的发展产生革命性的影响。

超导材料技术的进步是发展超导电力应用技术的基础和前提。自从 1911 年超导电性被发现以后，人们就一直关注超导材料在电工领域的应用，特别是二十世纪六十年代 NbTi、Nb_3Sn 等实用低温超导体成材，八十年代实现了低温超导导线的扭绞、复合化和细丝化，美国、欧洲、日本等国纷纷尝试采用低温超导导线制作超导磁体、超导电缆、超导变压器、超导储能、超导电机等超导装备，并进行了较为系统的原理性研究、试验示范和应用可行性分析。但是由于低温超导材料临界温度低，需要在液氦（4.2K，–269℃）条件下工作，而获得和使用液氦的装备和技术复杂，制冷效率低，氦资源又非常稀缺，制约了其在一般场合的使用。

1986 年以后，临界转变温度达到 90K 以上的 YBCO 超导体被发现，超导临界转变温度首次高于液氮（77K，–196℃）的气化温度，这就使资源丰富、价格低廉的液氮作为超导体工作的冷却介质成为可能，系统的制冷费用已经能被大多数用户所接受，为超导技术的大规模应用提供了不可缺少的前提。尤其是 1997～2000 年间，Bi 系高温超导带材和 Y 系高温超导带材的产业化制备技术相继获得突破，在全世界范围内掀起了高温超导应用技术研究的热潮，在电力、工业、交通等诸多领域开展了大量的研究和工程示范。

经过二十多年的发展，高温超导带材的性能指标和价格有了明显的改善。以 YBCO 高温超导带材为例，在性能上，4～5mm 宽的标准带材，其临界电流从最初的 80～90A，提升到现在的 180～200A，同时随着超导带材的机械性能、导线连续生产和封装技术等方面的进步，基本上已经能够满足超导电力技术的应用需求。在价格上，标准宽度 YBCO 超导带材的售价也从最初的 300～400 元 /m，降低到现在的不足 200 元 /m。虽然超导带材价格下降的幅度较大，但是其仍然是相同载流量的铜导线价格的 4～5 倍，因此，即使超导电力装备具有优异的电气性能，目前仍难以与常规电力装备全面竞争。

由于超导导线的载流能力可以达到 $100 \sim 1000A/mm^2$，且其直流状态下的传输损耗为零，利用超导导线制备的电力装备具有损耗低、效率高、占地小等优点。超导技术可以广泛应用于超导电缆、超导储能、超导限流器、超导变压器等装备之中，表 1-1 列出了各种超导电力装备的技术特点：超导电缆可以为未来电网提供一种低损耗、大容量的电力输送方案，有助于解决现有高负荷场景密集供电和部分地区输电走廊紧张等问题；超导导线在电流超过其临界电流时会失去超导电性而呈现较大的电阻（超导材料的超导态 / 正常态转变），因而用超导导线制成的限流设备可以在电网发生短路故障时自动限制短路电流的上升，从而有效保护电网安全稳定运行；利用超导导线制备的超导储能系统（Superconductor Magnetics Energy Storage，SMES）是一种高效的储能系统（效率可达 95% 以上），且具有快速高功率响应和灵活可控的特点，对于解决电网的安全稳定性和瞬态功率平衡问题具有极大的应用价值；超导变压器在提高电气设备效率、减少占地方面也具有不可替代的优势 [1]。

表 1-1　超导电力技术的优越性

超导电力装备	与常规电力装备相比的优势所在
超导电缆	可输送大容量、高密度的电力：相同电压等级下的送电容量可提高 5～10 倍；相同的输送容量，电压可降低 1～2 个等级，走廊需求减少 1/3～1/2。由此，大城市的高密度供电及跨海大容量送电成为可能，变电站选址自由度增大，送电损耗可减少 2/3，超导电缆自带超导屏蔽层，无电磁污染，环境友好
超导限流器	限制短路电流，解决断路器开断容量不足的问题，使得系统电气设备对电、磁、热的技术指标要求降低，从而成本下降；提高系统稳定性，改善系统动态特性
超导储能	大中型的可以调节负荷峰；中小容量的可以为系统提供快速响应容量，抑制频率波动及电压突降，提高稳定性，改善电网品质，实现输 / 配电系统的动态管理和电能质量管理，提高电网暂态稳定性和紧急事故应变能力
超导变压器	体积减小和重量减轻使占据空间减小，重量和体积可减少 30%～70%，效率提高 0.1%～0.5%，冷却介质的不可燃特性提高了安全性

超导技术一旦取得突破和实用，必将对电力、能源、交通、通信、医疗、科学研究等诸多行业带来重大的影响。超导技术在电网中的广泛应用，

必将对电网的发展带来重大的影响和变革。中国电科院依托在超导电力技术领域的专业知识和多年技术积累，组织编制本报告，归纳超导电力技术发展现状，梳理现有产业政策，分析总结发展趋势，提出应对策略和建议，为超导应用技术领域内的政府部门、企业、研究机构提供重要的参考和借鉴，引领和推动超导电力技术的发展和相关领域的共同进步。

1.2　国内外政策与战略

1.2.1　国外政策与战略现状

超导材料的发现，尤其是 1986 年以后，高温超导材料的发现和产业化制备技术的突破，为超导技术的规模化应用奠定了基础，世界各技术强国相继将高温超导技术列为重点发展方向。美国、欧洲、日本、韩国等国家和地区已经出台了多个计划加快推动超导材料的创新研发和工程应用。

早在 1999 年，美国能源部就启动了超导伙伴计划（Superconductivity Partnership Initiative，SPI），该计划的研究内容包括超导电缆、超导变压器、超导电机、超导磁悬浮飞轮储能、超导限流器等项目。在 2003 年提出的 Grid 2030 计划和智能电网计划中，也均将超导电力技术作为重要的发展方向。近期，为了推动超导体等新材料的创新，美国白宫科技政策办公室发布了《材料基因组战略规划》（Materials Genome Initiative，MGI），鼓励跨部门、跨领域的集成式研发，旨在转变对高温超导体的研究方式，促进材料研究的数据共享，为解决国家技术难题开辟新的机会。2023 年，美国能源部部长表示，在 10 年内采用高温超导技术，建成商业化可控核聚变设施，作为美国向清洁能源过渡的一部分。

欧洲也积极参与到超导技术的研发中。2020 年，欧洲核子研究中心（CERN）提出了建造"希格斯工厂"和开发新的高温超导加速器技术的愿景。在欧盟"地平线欧洲"研发框架计划中，超导风力发电技术也被列为重要主题。近期，欧盟发布了"深红计划"，投资 1500 万欧元，致力于在五年内搭建一个上吉瓦的超导输电网络，同时实现液氢的同步传输。英国国家研究与创新署（UKRI）会同能源监管机构（Ofgem）联合启动 18 个能源网络创新项目，探索包括高温超导电缆高效传输技术在内的创新技术研发，以持续推动英国电网的创新发展。俄罗斯科学院主席团发布"2018 年基础研究领域优先项目"，之后提出了包括超导混合动力航空发动机、超导加速器等在内的 25 个满足俄联邦长期发展利益的超导应用计划。

早在 1987 年，日本政府就发布了 Super-GM（Engineering Research Association for Superconductive Generation Equipment and Materials）计划，积极开展高温超导电缆、变压器、储能、限流器、发电机等超导电力装置研发。为了实现 2050 年全球温室气体排放量减半的目标，日本内阁最新发布了"环境能源技术革新计划政策措施"，其中包括大力发展高温超导输电技术。

1.2.2　国内政策与战略现状

随着国家不断加强对科技创新的重视，中国相继发布了一系列超导材料和能源电力领域的战略规划和政策措施，以推动高温超导材料科学与应用技术的进一步发展。

早在 2006 年，超导材料便被列入国家高技术研究发展计划（863 计划）中的"超导材料与技术专项"，在超导材料及其制备技术、超导的电力应用、强磁体应用及弱电应用等方面全面开展研发。近年来，国家层面围绕着超导材料的顶层设计和各种政策密集出台，鼓励和规范相关行业健康有序发展。

2015 年，《中国制造 2025》提出加强基础研究和体系建设，突破材料产业化制备瓶颈，提前布局和研制具有战略意义的前沿材料，将超导材料列为前沿颠覆性新材料中重点发展的项目之一，超导技术的发展被提到了战略研究的高度。

2016 年，《"十三五"国家战略性新兴产业发展规划》提出积极开发新型超导材料，参与国际热核聚变实验堆计划，不断完善全超导托卡马克核聚变实验装置等国家重大科技基础设施，推动了超导材料的发展革新。

2016 年，工信部、发改委、科技部、财政部联合发布《新材料产业发展指南》，提出加强超导材料基础研究、工程技术研究，在电力输送、医疗器械等领域实现产业化应用，明确了中国超导材料重点发力方向和增量市场来源。

2021 年，国家发布《"十四五"原材料工业发展规划》作为纲领性文件，提出发展超导材料前瞻布局，强化应用领域的支持和引导，明确了超导材料在现代产业中的定位。

此外，各种地方和行业性的发展政策也陆续出台，助力国内超导行业的快速发展，产业发展呈现良好的局面。

国内超导相关的政策与战略如表 1-2 所示。

表 1-2　国内超导相关的政策与战略规划

发布时间	政策来源	主要内容
2012 年 4 月	《"十二五"国家科技计划材料领域 2013 年度备选项目征集指南》	研发核磁共振关键超导材料、高性能涂层导体长带材料及基于高性能超导材料的超导限流器和滤波器并实现应用
2015 年 5 月	《中国制造 2025》	高度关注颠覆性新材料对传统材料的影响，做好超导材料、纳米材料、石墨烯、生物基材料等战略前沿材料的提前布局和研制，加快基础材料的升级换代
2015 年 12 月	《国家标准化体系建设发展规划（2016—2020 年）》	推进空间科学与环境安全、遥感、超导等领域标准化工作，促进科技成果产业化
2016 年 11 月	《"十三五"国家战略性新兴产业发展规划》	开发智能材料、仿生材料、超导材料、低成本增材制造材料；积极参与国际热核聚变实验堆计划，不断完善超导托卡马克热核聚变实验装置等国家重大科技基础建设，开展实验堆概念设计、关键技术和重要部件研发
2016 年 12 月	《新材料产业发展指南》	加强超导材料基础研究、工程技术和产业化应用研究，积极开发新型低温超导材料，高温超导材料，强磁场用高性能超导线材、低成本高温超导千米长线等，在电力输送、医疗器械等领域实现应用
2017 年 5 月	《能源生产和消费革命战略（2016—2030）》	开展前沿性创新研究，加快开发氢能、石墨烯、超导材料等前沿材料与配套技术
2017 年 5 月	《"十三五"材料领域科技创新专项规划》	以超导材料、智能 / 仿生 / 超材料、极端环境材料等前沿新材料为突破口，抢占材料前沿制高点
2017 年 10 月	《关于促进储能技术与产业发展的指导意见（发改能源〔2017〕1701 号）》	重点包括高温超导储能技术、相变储热材料与高温储热技术、储能系统集成技术、能量管理技术等
2018 年 3 月	《新材料标准领航行动计划（2018—2020 年）》	从新材料技术、产业发展战略性与基础性特点出发，科学规划标准化体系，明确新材料标准建设的方向，建设标准领航产业发展工作机制，带动科技创新，引领产业健康有序发展

发布时间	政策来源	主要内容
2020 年 5 月	《广东省培育新能源产业集群行动计划（2021—2025 年）》	建设产业支撑平台：建设南方电网珠海新能源中心，面向智能电网、储能领域开展新能源、分布式微网、超导、电能质量和工程研究，建设超导电力技术创新中心、电网智能监测中心
2020 年 9 月	《关于北京、湖南、安徽自由贸易试验区总体方案及浙江自由贸易试验区扩展区域方案的通知》	支持提升拓展全超导托卡马克、同步辐射光源、稳态强磁场等大科学装置功能，加快聚变堆主机关键系统综合研究设施建设
2021 年 6 月	《浙江省新材料产业发展"十四五"规划》	针对柔性电子材料、智能仿生材料、极端环境材料、超导材料等以构筑未来竞争新优势为主攻方向，把握未来产业发展趋势，加强基础研究和知识产权布局，培育一批变革性材料，支撑产业发展
2021 年 8 月	《上海市战略性新兴产业和先导产业发展"十四五"规划》	发展新型电网技术，推进超导电缆工程系统级应用，突破大规模储能电池等储能装置在电网测及用户侧的应用。培育高温超导材料、石墨烯、3D 打印材料等产业研发，努力形成具有自主知识产权的原创核心技术
2021 年 10 月	《天津市新材料产业发展"十四五"规划》	布局石墨烯、超导、增材制造等前沿材料，实现优质企业引育、产业布局优化、创新能力提升，建设应用示范推广五大重点工程
2021 年 11 月	《北京市"十四五"时期高精尖产业发展规划》	前沿新材料领域重点突破石墨烯、生物医用材料、增材制造材料、超导材料等方向，创新环保低碳制备工艺，培育一批专精创新型企业
2021 年 12 月	《"十四五"原材料工业发展规划》	新材料产业规模持续提升，占原材料工业比重明显提高；初步形成更高质量、更好效益、更优布局、更为安全的产业发展格局。到 2035 年，成为世界重要原材料产品研发、生产、应用高地，新材料产业竞争力全面提升
2022 年 2 月	《国家地震科技发展规模（2021—2035 年）》	在地震监测与预警中，地震监测设备与技术基于光纤、超导、量子等新技术的新型传感器，地震卫星、航空多源多类型地震观测传感器

▌总结与分析

从前面两节的内容可见，在超导技术的发展规划和政策层面，美国、欧洲、日本等国家更加注重超导应用技术研究布局，在发展的早期就已经在电力、能源、工业等领域投入大量经费开展应用技术研究和原理样机研制。在国内，由于早期超导材料尚依赖进口，因此各种政策和规划主要以超导材料及其制备技术研究为重点。近年来，随着研发投入增加和产业升级，Bi 系和 Y 系高温超导带材目前均已实现了国产化。在应用技术研究方面，在国家导向及电网等诸多用户企业的积极参与下，超导应用研究和工程示范也陆续实施，研究能力和成果正在逐步向国际先进水平靠近。特别是 2000 年以来，北京、上海、天津、广东、浙江等经济发达地区，依托当地产业发展和技术优势，在超导材料研究、超导应用技术研发等方面积极出台各项鼓励政策和优惠措施，推动超导技术和产业的全面发展。2021 年，上海市政府主要出资并与国家电网有限公司合作，同时整合上海市在超导材料生产、超导电缆制造等方面的专业力量，共同建设完成了 1.2km、35kV 高温超导输电示范工程，实现了一回高温超导电缆替代 4～6 回同电压等级常规电缆，投运后稳定运行至今，展示了中国在超导电力应用技术方面的水平和能力。

1.3 专利分析

2014～2023 年十年间，中国超导电缆技术申请发明专利数呈现先增长后下降的态势，如图 1-1 所示。其中 2020 年和 2021 年间达到顶峰，2021 年后开始逐渐下降。

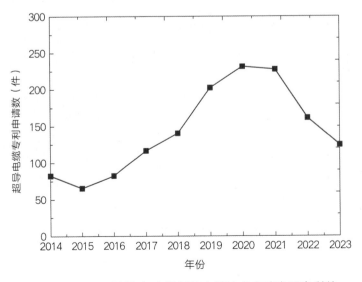

图 1-1　2014～2023 年中国超导电缆技术申请发明专利数

2014~2023 年十年间，中国超导限流器技术申请发明专利数呈现先增长后下降的态势，如图 1-2 所示。其中 2018 年间达到顶峰，2018 年后开始逐渐下降。

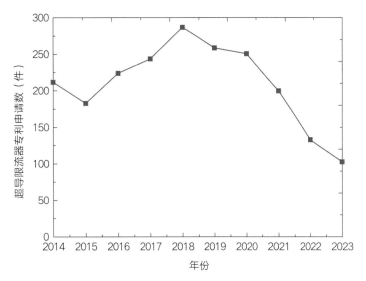

图 1-2　2014~2023 年中国限流器技术申请发明专利数

2014~2023 年十年间，中国超导变压器技术申请发明专利数趋于稳定下降的态势，专利申请总数偏低，如图 1-3 所示。

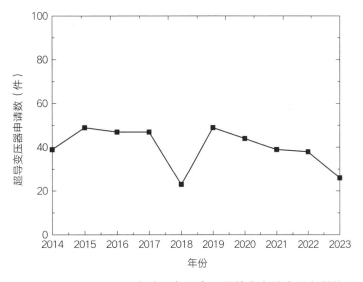

图 1-3　2014~2023 年中国超导变压器技术申请发明专利数

2014~2023 年十年间，中国超导储能技术申请发明专利数趋于较平稳态势，如图 1-4 所示。其中 2021 年数量较往年有增长，专利申请总数偏低。

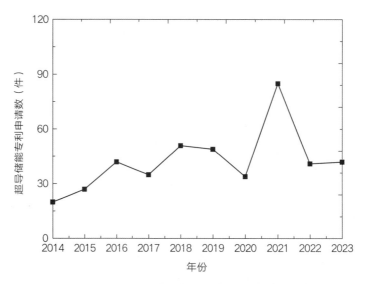

图 1-4　2014～2023 年中国超导储能技术申请发明专利数

2023 年中国主要超导电力技术申请发明专利数和 2014～2023 年中国主要超导电力技术申请发明专利数分别如图 1-5 和图 1-6 所示。通过专利申请的技术构成分析可知，近十年中国超导限流器和超导电缆发明专利申请占超导电力技术主导地位，两者申请发明专利总数占比为 81%，反映出超导电力技术的关注程度。

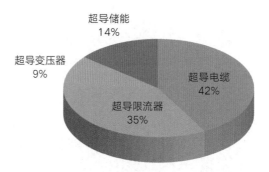

图 1-5　2023 年中国主要超导电力技术申请发明专利数

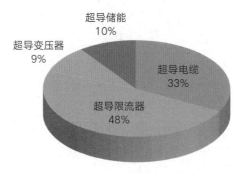

图 1-6　2014～2023 年中国主要超导电力技术申请发明专利数

　　从涉及超导技术研发的单位情况看，随着各项国家政策的出台和支持力度的增加，超导技术的研究和工程应用在研究所、高校、能源电力行业的大型企业等多个层面铺开，涉及超导机理研究、超导材料技术研究、超导应用技术研究等多个领域，图 1-7 显示了 2010~2023 年在超导技术领域国内主要研究机构受理和授权的专利数量。

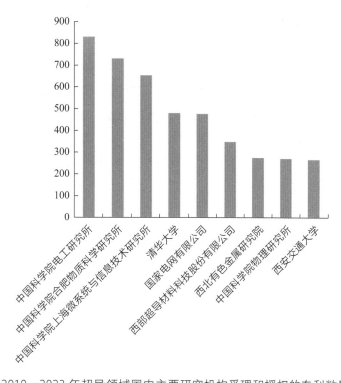

图 1-7　2010~2023 年超导领域国内主要研究机构受理和授权的专利数量统计图

1.4　报告内容

　　本报告将主要围绕以下内容开展研究：

1　超导电力技术发展的年度热点回顾

　　主要采用文献调研等信息收集的方法，回顾总结 2023 年度超导领域的国内外热点事件，综合研判各国对超导电力技术发展的认识、态度和支持情况，为超导电力技术发展路线图提供政策方面的支撑。

2 　超导电力装备／技术发展现状分析

本部分内容主要依托于报告编写组成员在超导电力技术领域近 20 年的研发与应用实践，同时配合文献资料调研，总结归纳超导电力技术／装备在技术研发和工程应用上的现实情况。

3 　提出超导电力技术的发展路线图和发展建议

本部分工作通过分析研判，并辅助于领域内知名专家的咨询调研共同开展。在前文工作的基础和总结分析上，总结归纳超导电力技术的攻关重点和典型应用场景，分析其发展趋势，制定技术发展路线图，供相关领域人员参考。

Chapter 2

年度热点事件

2023年，世界范围内关注度最高的前三大科技热词是核聚变、ChatGPT、室温超导，其中有两个是与超导技术直接相关的。

图2-1所示为2014～2023年，以"超导"作为关键词的百度搜索指数统计。从图中可见，在过去十多年里，"超导"这一关键词在2023年出现了2次热点峰值，远远高于以往的数值。这两个时间分别是2023年3月初和2023年7月底（对应于2023年度的两次"室温超导"的世界热点事件），检索量分别达到了3197次和21616次。

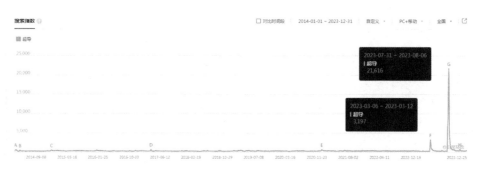

图2-1 以"超导"作为关键词的百度搜索指数统计

下面将总结2023年度超导技术（特别是在能源电力领域）的年度热点事件。

2.1 国际热点事件

1 美国高压强下实现室温超导的事件

2023年3月8日，美国罗切斯特大学的迪亚斯（Ranga Dias）在美国物理学会三月会议上宣布发现"室温超导"材料，该镥氮氢（LuNH）化合物在1GPa压强下（1万个标准大气压），在21℃表现出超导电性，引发产业界和社会的广泛关注。

该新闻发布以后，国内外有多个研究团队发布了复试验证的结果，但是均未取得成功。主要的验证结论汇总如表2-1所示。

表 2-1   对美国高压强下室温超导材料的验证工作

团队	发布时间	结论
中科院物理所靳常青团队	3 月 9 日	（1）二元镥氢化合物（Lu_4H_{23}），在 71K（−202℃）和 218GPa 条件下发现超导转变（超导转变温度与压强与迪亚斯团队相差甚远）； （2）靳常青研究员和美国伊利诺伊大学香槟分校的戴维·塞珀利在《Nature》上联合发表论文《对室温超导性抱有希望，但仍存在疑虑》
中科院物理所程金光团队	3 月 12 日	氢化镥（LuH_2）在约 2.2GPa 时变成粉红色，在约 4GPa 时又变成亮红色，与迪亚斯团队实验结果非常类似。但是在 7.7GPa 压强下，温度一直降低到 1.5K，也未发现超导转变
南京大学闻海虎团队	3 月 15 日	（1）氮掺杂氢化镥（$LuH_{2\pm x}N_y$）材料，在 1G～6GPa 条件下，在 10～320K 的温度范围内未发现超导相变； （2）团队撰写的论文在 5 月被《Nature》杂志在线发布
美国物理学会"杰出审稿人"、日内瓦大学凝聚态物理学家德克·范德马雷尔	3 月 21 日	三个中国科学家团队的验证工作，证明了迪亚斯制造的材料不存在超导性，并对迪亚斯发表的论文中实验数据的处理方法提出质疑

2   韩国常温常压超导材料事件

2023 年 7 月 22 日，韩国研发团队（李硕裴、金贤卓、权英完）在预印本网站 arXiv 发布论文。称通过改良一种铅 - 磷灰石晶体结构（LK-99），用铜离子取代铅离子，在微结构中引发畸变，从而可以在 127℃以下表现出超导性。两个多小时后，内容更加详尽的第二个版本论文在 arXiv 发布，6 位作者分别是李硕裴、金贤卓、林成妍、安秀敏、欧根浩、金铉德（权英完的名字未出现），介绍了 LK-99 晶体的材料成分、分子结构、制备过程和实验测试结果，同时还公布了样品的磁悬浮视频。

7 月 28 日，团队主创人员李硕裴在接受采访时表示，第一篇论文是在没有征得其他作者允许的情况下，权英完教授擅自发表的。研究团队已经要求 arXiv 将论文撤下，待成果完善以后，将投稿给正规学术期刊。

8 月 3 日，韩国超导低温学会表示，与 LK-99 相关的影像和论文中展示的这一材料的特征并不符合迈斯纳效应，不足以证明 LK-99 是室温超导体。

对于该事件，国内外有多家研究机构进行了复现和验证工作，已经公开发布的代表性结果汇总如表 2-2[2-7]所示。

表 2-2　对韩国常温常压超导材料的验证结论

验证类别		验证情况	验证团队
理论	可行性	从理论计算上验证了 LK-99 晶体结构具有室温超导的可能性	美国劳伦斯伯克利国家实验室 中科院金属所团队
实验	抗磁性	室温条件下，验证了所制备样品的抗磁性，但是未开展导电性的测试	俄罗斯团队 华中科技大学团队
	零电阻特性	室温条件下，未观测到零电阻特性；降温以后，6 个样品中有 1 个样品在 110K 下实测到零电阻现象，但是未观测到抗磁性	东南大学团队
	得到否定结论	不支持 LK-99 是常压室温超导体	印度国家物理实验室 南京大学团队 北京大学团队 北京航空航天大学团队 美国马里兰大学团队

8 月 9 日，中国科学院物理研究所 / 凝聚态物理国家研究中心发布：LK-99 含有一定量的硫化亚铜杂质，它在 400K（约 127℃）附近经历了从高温 β 相到低温 γ 相的结构相变，硫化亚铜的电阻率下降了 3～4 个数量级，接近参考文献中报道的转变温度和电阻行为。基于对电阻率和磁化强度的测量，研究者认为 LK-99 的类超导行为最有可能是由硫化亚铜的一级结构相变引起的。

8 月 11 日，德国马克斯普朗克固体研究所帕斯卡·普帕尔（Pascal Puphal）宣布成功合成了不含硫化亚铜杂质的紫色透明的 LK-99 单晶体样品，经测定，排除其超导的可能性。X 射线分析显示，铜在整个样品中分布不均，这种晶体样品具有高度绝缘性，实验中检测到了弱铁磁相关性质，这可能源于铜取代的不均匀分布所造成。

8 月 16 日，在《Nature》的新闻版块，发表了曾就职于费米实验室的科学作家 Dan Garisto 的文章，题目是《LK-99 不是室温超导体——科学侦探如何解开这个谜团》。文中，Dan Garisto 总结了连续十几天的室温超导事件，将各大机构的研究结果归纳在一起，对"导致样品电阻率急剧下降和磁铁部分悬浮的原因，是材料中的杂质，尤其是硫化亚铜"这一结论表示认可，基本上已经否定了 LK-99 作为"史上首个室温常压超导体"的希望[8]。

3 欧盟启动"深红计划"，布局超导输电和超导 + 液氢协同输送研究

2023 年 9 月，在 2023 欧洲应用超导大会（EUCAS）上，有学者做了《用于双向能量分布二硼化镁液氢电缆》（MgB$_2$ cable in liquid H2 for bi-energy distribution）和《欧洲开发超导二硼化镁中压直流电缆》（European effort to develop HTS and MgB2 based MVDC cables）两个报告，报告中介绍了欧盟总投资 1500 万欧元的"深红计划"相关内容。

在世界各国的未来能源结构中，电与氢作为主要的二次能源均被放在了重要的位置，电氢协同发展的趋势迅猛、市场价值巨大。"深红计划"由挪威科学和工业研究基金会（SINTEF）牵头，联合德国耐克森公司等欧洲超导和氢能领域的头部科研机构及知名公司共同发起，将重点围绕长距离超导输电网络、海上超导输电网络、超导 + 液氢同步输运技术三条主线开展研究。

该项目计划在 2027 年完成最长 50km、50kV 直流超导输电技术攻关，兼顾陆上和水下的敷设与运行，线路最大传输容量超 1GW。在超导 + 液氢同步输运方面，计划在 2027 年建成 20km、25kV、500MW 的超导直流输电网络，并实现 10kg/h 的液氢同步输运，为支撑 2050 年氢能占欧盟能源消耗的比重从目前的 2% 提升至 13%~14% 做储备。

▌ 总结与分析

2023 年度，在世界范围内发生了两件"室温超导"热点事件，这在一定程度上也反映了人们对超导技术发展和"室温超导"材料出现的期盼。超导材料的研究是一门试验科学，各种新型超导材料的发现具有极大的偶然性（低温超导材料、高温超导材料、石墨烯等都是在及其偶然的情况下发现的）。从发现超导现象和低温超导材料（1911 年）到发现高温超导材料（1986 年），时间跨度有 75 年。从发现高温超导材料至 2023 年，已经过去了 38 年，随着近年来在超导机理研究、实验条件和手段等方面的快速发展，不排除在超导材料领域取得突破性和跳跃性的发展和成果的可能性。更高性能（高载流能力、高转变温度甚至转变温度接近室温条件）的全新超导材料体系被发现和产业化制备技术的突破，将导致超导电力技术的爆发式发展和规模化产业应用，这也是两次"室温超导"新闻发布后，能够在全社会引起广泛关注的原因。

在超导电力应用方面，目前国内外已经建成的超导输电示范工程中，线路长度普遍在数百米至 1 公里。但是在欧盟启动的"深红计划"中，由欧洲顶级研究机构与产业公司合作，计划开展 50km 超导输电网建设，同时关注多种工程条件下的敷设与运行技术，可见该项计划的实施更加针对超导输电技术的实用性，该计划的实施也将对超导电力技术的产业化进程起到极大的推动作用和示范效应。

2.2　国内热点事件

1　国网上海电力 35kV 公里级超导输电示范工程完成满负荷运行测试

2023 年 8 月 18 日 7 时至 17 时 22 分，国网上海电力 35kV 公里级超导输电示范工程成功进行负荷高位（1000A 以上）运行 10h22min，实现最高电流 2160.12A 的满负荷运行，刷新了中国商用超导输电工程最大实际运行容量的纪录。

该示范工程位于上海市徐汇区，总长度 1.2km，连接两座变电站，于 2021 年 12 月投运，是目前世界上输送容量最大、距离最长、接头数量最多的全商业化运行的超导输电工程，也是唯一采用全排管敷设的公里级超导输电工程，迄今已连续安全稳定运行超过 2 年。该示范工程的投运加速了超导全产业链国产化，大幅提升了中国在超导输电领域的国际影响力。投运以来，已累计为供电区域内徐家汇商圈、上海体育馆等 4.9 万用户供电 3 亿kWh 以上。国网上海电力 35kV 公里级超导输电示范工程如图 2-2 所示。

2023 年 1 月，在中国电力企业联合会组织召开的科技成果鉴定会上，由陈维江、王成山、王秋良三位院士带队的鉴定委员会一致认为"该项目在超导电缆研发、设计、敷设和运行等方面的技术成果整体达到国际领先水平"。

图 2-2　国网上海电力 35 kV 公里级超导输电示范工程

2 **南方电网 10kV 三相同轴高温超导电缆完成大负荷测试**

2023 年 2 月 22 日，由南方电网深圳供电局研制的 10kV 三相同轴高温超导电缆，在深圳福田中心区顺利通过大负荷测试。试验历时 54h，在电流从 700A 陡增到 1100A、从 1000A 骤降到 500A，以及液氮泵切换等特殊工况过程中，超导电缆各项指标均正常稳定。此次超导电缆大负荷测试，全面检验了三相同轴高温超导电缆从设计到制造安装、从本体到系统、从运行到调度等各个方面的能力。

该示范工程于 2021 年 9 月正式投运，穿越深圳中央商务区，全长 400m。测试期间，电缆还通过连续 12.5h、1000A 以上（最大 1212A）的大负荷运行，供电面积由平安金融中心区域扩大到福田中心区约 5km^2 范围内，较常规电缆扩大了 31 倍，阶段性验证了三相同轴超导电缆大容量直供用户的能力。

3 **江苏永鼎集团低压超导直流电缆并网运行**

2023 年 11 月 20 日，一条高温超导低压直流电缆在江苏苏州并网投运，与交流超导电缆相比，超导直流电缆的电网线损可再降低约 70% 左右。该超导直流电缆的额定电压为 ±375V，载流量高达 4500A，导体截面积仅为 90m^2，不到同电压等级下常规 PVC 铜芯电缆截面积的一半。永鼎集团 ±375V/4500A 超导直流电缆如图 2-3 所示。

图 2-3　永鼎集团 ±375V/4500A 超导直流电缆

▌总结与分析

在各项超导电力技术中，超导输电技术一直是国内外关注的热点，高温超导输电具有高载流、大容量、低损耗、节省走廊、环境友好等技术优势，但是系统造价高、技术成熟度不足和长时间运行可靠性未经充分检验是制约其推广的主要因素。近年来，随着研发投入增加、产业升级及电网等诸多用户企业的积极参与，Bi 系和 Y 系高温超导带材均已实现国产化，在此基础上，超导输电技术的研究和工程示范也正在持续展开和深入，研发能力、成果水平也正在加速向国际先进水平靠近，部分指标已进入国际先进行列。在未来的 5～10 年内，超导输电技术有望在大城市负荷密集区供电 / 增容改造、山口峡谷等走廊受限区域大规模电力输送等常规技术难以实现的特定场景率先得到应用。未来当超导材料的性价比优于铜铝等常规导电材料时，超导输电技术才具备与常规输电技术竞争、从而得到多场景和大范围应用的可能。

Chapter 3

超导电力装备
与技术发展现状

超导材料的零电阻特性和高载流能力使其成为电能传输的理想导体，高温超导材料发现以后，可以使用液氮来冷却，低温制冷的技术难度和经济性得到极大改善，以超导电缆、超导储能、超导变压器、超导限流器等为代表的超导电力装备正在从实验室研究迈向试验示范和工程应用。

3.1 超导电缆

超导电缆的发展经历了低温超导电缆和高温超导电缆的发展过程。随着临界温度高于 77K 的高温超导材料的发现和制备技术的突破，超导电缆技术发展获得了极大的促进。

3.1.1 技术原理

根据应用场合的区分，超导电缆分为交流超导电缆和直流超导电缆。根据电缆结构区分，超导电缆分为三相统包、三相同轴和三相分体等结构类型。根据超导电缆本体缆芯的结构区分，超导电缆可以分为室温绝缘结构超导电缆和冷绝缘结构超导电缆。室温绝缘超导电缆的电气绝缘位于低温恒温器的外面，超导导体处于制冷环境中。冷绝缘超导电缆的超导导体和绝缘均放置在低温恒温层内[9]，如图 3-1 所示。室温绝缘超导电缆结构相对简单，制作容易；冷绝缘超导电缆结构更紧凑，损耗更小，但需要攻克低温条件下的绝缘材料和绝缘结构问题。

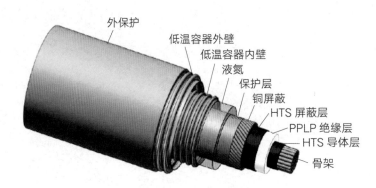

外保护
低温容器外壁
低温容器内壁
液氮
保护层
铜屏蔽
HTS 屏蔽层
PPLP 绝缘层
HTS 导体层
骨架

图 3-1 冷绝缘超导电缆结构

超导电缆系统的主要组成部分有：超导电缆本体、超导电缆终端、低温制冷系统和监控保护设施。

1 超导电缆本体

超导电缆本体主要由以下五部分构成：

（1）内支撑管。通常为罩有致密金属网的金属波纹管，作为超导带材排绕的基准支撑物，同时也用于液氮冷却流通管道。实用中也可以采用铜绞线作为骨架支撑材料，在超导电缆发生故障失超时，能够起到分流的作用。

（2）电缆导体。由超导导线绕制而成，根据通流的需要，一般分为多层，各层导体分布、绕制节距等会影响到导体分流特性和交流损耗。

（3）热绝缘层。通常由同轴双层金属波纹管套制而成，两层波纹管间抽真空并嵌有多层防辐射金属箔，其功能是使电缆超导导体与外部环境实现热绝缘，保证超导导体安全运行在低温环境中。

（4）电绝缘层。室温绝缘超导电缆的电绝缘层置于热绝缘层外部，与常规电缆无异；冷绝缘超导电缆的电绝缘层置于热绝缘层内部，需选用适合于低温环境的电气绝缘材料。

（5）电缆屏蔽层和保护层。超导电缆的屏蔽层和外护套的功能与常规电缆类似，屏蔽层可以采用超导带材或常规良导体制作。

2 超导电缆终端

超导电缆终端是电缆本体和外部电气设备之间、冷却介质和制冷系统之间的连接通道，担负着温度和电气的过渡。它既要保证本体缆芯与常规导体低阻连接，维持相间对地良好的电气绝缘，又要承受与周围环境间的温度梯度，实现真空隔离。终端设计制造除了考虑电气连接、绝缘性能外，还需尽可能减小漏热，并满足国家标准对电缆终端的力学等一般性能要求。

3 低温制冷系统

低温制冷系统由制冷单元、液氮泵、冷箱、循环管路和储罐等部分组成，利用过冷液氮显热，通过液氮泵和冷箱控制过冷液氮在循环管路中的压力和流速，将电缆运行过程中产生的热负荷带至冷箱，与制冷机或减压降温单元所产生的冷量实现热交换，液氮再次过冷后继续在电缆内部循环管路中流动，维持超导电缆的正常运行温度。

4 监控保护设施

监控保护设施实时监测硬件和系统状态，当电缆本体、终端、制冷系统发生问题时，通过故障判断将信息传输给控制中心，为应对方案的确定提供依据。同时，对超导电缆和线路提供必要的保护，避免经受幅值和持续时间大于设计标准值的故障影响。一旦故障超过允许值，超导电缆和线路将在自保护的同时，与电网断开并强迫冷却，直到故障恢复后再次投入电网使用。

3.1.2 国内外发展现状

1 美国长岛 138kV 超导电缆工程

2008 年 4 月 22 日，美国纽约长岛电力局和美国超导公司联合宣布研发出 610m、138kV/2.4kA 三相交流高温超导电缆投入电网运行。该条电缆由美国超导公司作为工程牵头单位，负责提供高温超导带材；Nexans 负责电缆和终端制造；法国液空公司负责工程低温系统构建；长岛电力局负责安装和运行。该条电缆安装在纽约州长岛电力局 Holbrook 变电站，是世界上第一条输电电压等级超导线路，如图 3-2[10] 所示。

图 3-2　美国 610m、138kV/2.4kA 超导电缆

2 德国埃森公里级超导电缆工程

2011 年，在欧洲 AmpaCity 项目支持下，由德国莱茵集团牵头，Nexans 负责电缆、终端和配套限流器设计制作，卡尔斯鲁厄理工学院（KIT）开

展工程的技术经济性等研究；2013 年 3 月，1km、10kV/40MVA 超导电缆在埃森市区开始铺设，连接德国埃森市 Dellbrügge 和 Herkules 两个变电站；2014 年 3 月，成功接入电网并投入商业化运行，如图 3-3 所示[11]。

图 3-3　德国 1km、10kV/40MVA 超导电缆

3 韩国 ±80 kV/3.125 kA 直流超导电缆

2014 年 11 月，由韩国电力公司牵头，LS 电缆公司负责电缆设计制作，美国超导公司和苏南公司提供超导带材，完成 500m、±80kV/3.125kA 直流超导电缆的研制，安装在金岳变电站。2016 年 3 月，在同一站内，1km、154kV/3.75kA 交流超导电缆投运[12]，是当时电压等级最高、长度最长的交流超导输电线路。

4 深圳高温超导电缆示范工程

2021 年 7 月，深圳 10kV、400m 三相同轴交流高温超导电缆完成敷设，9 月正式投运，连通了深圳福田中心区 220kV 滨河站和 110kV 星河站，为深圳地标平安金融中心大厦等重要负荷供电，如图 3-4 所示[13]。该超导电缆直径仅 17.5cm，输电容量高达 43MVA，相当于一根常规 110kV 电缆的输送能力。超导电缆的应用减少了城市电网中高压电缆的使用，简化电网结构，节省变电站用地。

图 3-4   深圳 10kV、400m 超导电缆

5   上海公里级超导电缆示范工程

2020 年 4 月，中国首条公里级高温超导电缆示范工程在上海开工，2021 年底正式建成投运。该示范工程长 1.2 公里，于徐汇区长春变电站和漕溪变电站两座 220 kV 变电站之间，是目前世界上距离最长、输送容量最大的 35kV 超导电缆输电工程[14]，如图 3-5 所示。示范工程的 35kV 超导电缆可替代 4～6 条相同电压等级的传统电缆，实现了相当于常规 220kV 电缆的输送容量，节省了 70% 的地下管廊空间，大大降低建设成本。该示范工程验证了高温超导技术在超大城市中心城区与电网耦合运行的可靠性、稳定性和经济性。

图 3-5   上海公里级超导电缆

6　30m、±100kV/1kA 超导直流能源管道

　　2021 年，在国家重点研发计划项目"超导直流能源管道的基础研究"的资助下，由中国电力科学研究院有限公司牵头，联合中国科学院电工研究所、中国科学院理化技术研究所、上海电缆研究所有限公司、富通集团（天津）超导技术应用有限公司和中国石化工程建设有限公司及国内相关高校等，研制成功 30m、±100kV/1kA 超导直流能源管道工程样机，液化天然气输送流量为 100L/min，实现了电力 /LNG 一体化输送满功率试验，验证了超导直流能源管道技术可行性和优越性，如图 3-6 所示。

图 3-6　中国电科院 30m、±100kV/1kA 能源管道

▎总结与分析

　　美国、韩国和欧洲等国家凭借强大的人才、科技、资本和组织管理优势，在政府部门和企业的高度重视和积极参与下，在高温超导电缆研发及其输电技术应用方面走在世界前列。自 20 世纪 90 年代，我国也开始着手相关研究，近二十年来同样取得了不少积极进展。发展至今，高温超导电缆本体技术基本成熟，超导线路长度达到公里级，超导输电应用已进入试验示范和商业化运行阶段。目前，国内外研发方面交、直流兼顾，中低压配网应用为主。若要实现规模化应用还须进一步提高超导输电经济性，提升电缆及附件实用化性能，建立技术标准规范，明晰应用条件并丰富建设和运维经验。

　　国内外超导电缆技术研究进展情况统计如表 3-1 所示。

表 3-1　国内外超导电缆技术研究进展情况统计

国别	研制单位	主要参数	年份	运行 / 测试情况
美国	Southwire 公司等	30m、12.5kV/1.25kA	2000	美国 Southwire 公司场区并网运行
	Ultera	200m、13.5kV/3kA	2006	接入俄亥俄州哥伦布 Bixby 变电站试验
	Superpower、BOC 等	350m、34.5kV/0.8kA	2007	纽约州 Albany 挂网运行
	美国超导公司	600m、138kV/2.4kA	2008	纽约州长岛并网运行
日本	住友电工、东京电力公司	100m、66kV/1kA	2002	在东京电力公司试验场测试
	古河电力、中部电力公司等	500m、77kV/1kA	2004	在横须贺电力测试试验场进行了测试
	日本中部大学	200m、20kV/2kA	2010	完成测试
	东京电力公司、住友电工	250m、66kV/200MVA	2012	在 Asahi 变电站挂网运行
	日本中部大学	500m、5kA/10kV	2015	示范运行
	日本中部大学	1km、2.5kA/20kV	2016	完成测试
	昭和电缆公司	200m、3kA/11kV	2021	在日本一个化工厂完成测试
韩国	韩国电力公司	100 m、22.9kV/25kA	2005	安装于高敞郡电力试验中心
	韩国电力公司和 LS 电缆公司等	410m、22.9kV/50MVA	2008	安装于首尔市附近 Icheon 变电站
	LS 电缆公司和韩国电工技术研究所	500m、80kV/3.125kA	2014	安装于韩国济州岛
	LS 电缆公司和韩国电工技术研究所	1km、154kV/3.75kA	2016	安装于韩国济州岛
德国	耐克森、卡尔斯鲁厄理工学院等	1km、10kV/2.4kA	2014	在德国艾森市挂网运行
俄罗斯	俄罗斯电缆工业研究所	30m、20kV/1.5/2kA	2009	在实验室进行了测试
	俄罗斯电缆工业研究所、莫斯科航空学院等	200m、20kV/2kA	2010	在俄罗斯电力工程研究中心进行系统测试
	俄罗斯电缆工业研究所	10m、1kV/2MVA	2017	在交直流条件下进行了测试
	俄罗斯电缆工业研究所	4m、1kV	2017	在交直流条件下进行了测试

续表

国别	研制单位	主要参数	年份	运行 / 测试情况
丹麦	NKT、丹麦技术大学等	30m、30kV/2kA	2001	哥本哈根 AMK 变电站挂网运行
中国	云电英纳	33.5m、35kV/2kA	2004	在昆明吉普变电站并网运行
	中科院电工所	75m、10kV/1.5kA	2004	在甘肃白银通过系统检测
	上海电缆研究所	50m、35kV/2kA	2013	宝钢二炼钢车间电弧炉独立供电
	中国电科院	10m、110kV/2kA	2014	通过试验测试
	天津富通集团	100m、35kV/1kA	2017	在天津富通集团厂区实现运行
	南方电网	400m、10kV/2.5kA	2021	向深圳平安大厦负荷中心供电
	上海电力公司	1.2km、35kV/2.2kA	2021	连接长春和漕溪变电站
	中国电科院	30m、±100kV/1kA	2021	通过试验测试
	江苏永鼎集团	180m、375V/4.5kA	2023	塑胶厂车直流配电间

3.2 超导储能

3.2.1 技术原理

超导储能系统利用超导磁体将电磁能直接储存起来，需要时再通过变流器将电磁能返送回电网或其他负荷。超导储能直接存储电磁能，超导态下线圈的电流密度比常规线圈高 1~2 个数量级，不仅能够长时间、无损耗地储存能量，而且可以达到很高的储能密度。与其他储能方式相比较，具有响应速度快（毫秒级）、转换效率高（大于等于 95%）、比容量（1~10Wh/kg）/比功率（10^4~10^5 kW/kg）大、循环次数无限等优点。超导储能是功率型储能装置，可用于电压和频率的瞬时支撑，也可以与其他的能量型储能系统联合使用，提高电力系统稳定、改善供电品质。

超导储能系统一般由超导线圈、低温系统、功率变换装置（变流器）、测控和保护系统（监控系统）4个主要部分组成，如图3-7所示。

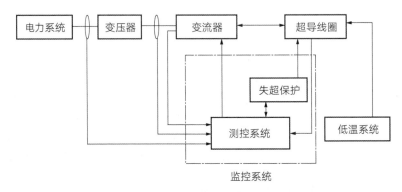

图3-7　超导储能系统结构及运行框图

1 超导线圈

超导线圈是超导储能系统的核心。超导线圈的结构可分为螺线管形和环形。螺线管线圈结构简单，但周围杂散磁场较大；环形线圈周围杂散磁场小，但结构较为复杂。绕制超导磁体的材料主要分为低温超导材料和高温超导材料。

2 低温系统

低温系统是超导储能系统的重要辅机系统，不仅为超导磁体提供最基本的运行条件，更直接关系到超导储能系统的成本、效率和安全可靠性。超导线圈的冷却方式有两种：将线圈浸泡在液氦之中的浸泡冷却方式和通过制冷机直接冷却的方式。浸泡冷却的冷却效果较好，直接冷却（又称为传导冷却）使用方便，但冷却功率受到制冷机和传导件的限制。

3 功率变换装置

超导磁体的储能是以直流方式进行的，因此在交流电网和磁体之间需要一种功率变换装置，实际就是可实现整流和逆变功能的电力电子换流器。采用PWM控制的功率调节系统可以在四象限内独立控制超导储能系统与电力系统的有功功率和无功功率交换，可分为电压源型和电流源型两种结构。

4　失超保护

失超是影响超导储能系统安全稳定运行的关键问题之一。超导磁体在运行过程中，总会受到各种各样的扰动，这些扰动可能是来自外界也可能是来自超导磁体本身，例如受到磁通跳跃、电磁应力、接头电阻等的影响，都可能会导致超导磁体的运行参数超过临界值。

超导磁体的保护方法，从采取的保护措施来看，可以分为主动保护和被动保护两种，前者需要依赖灵敏的失超检测装置。主动保护法有释能电阻保护、加热器保护等；被动保护法有感应耦合法、分段电阻法等。

5　控制策略

超导储能系统可以快速独立地在四象限内与系统进行有功功率和无功功率的交换，一般由外环控制和内环控制两部分组成。外环控制器作为主控制器，用于提供内环控制所需要的有功功率和无功功率参考值，是由超导储能系统本身特性和系统要求决定的；内环控制器则是根据外环控制器提供的参考值产生变流器的触发信号。

3.2.2　国内外发展现状

20 世纪 70 年代，美国威斯康星大学发明了一种由超导线圈与格里茨桥路组成的电能存储系统，是最早的超导储能技术研究，由此开启了超导储能在电力系统的应用研究。美国和日本率先研发出小型 SMES 产品，磁体集中使用低温超导材料。随着高温超导带材的商业化生产，高温 SMES 逐渐成为研究焦点。以下介绍了一些近些年超导储能的研究情况。

1　日本 10MVA/20MJ SMES 系统

日本中部电力和东芝公司合作开发了一套 10MVA/20MJ 的 SMES 系统，其中超导磁体由 NbTi 超导线绕制而成。2007 年安装于日本日光市的小型水电站 Hosoo 电站中，与 11kV 母线相连，用于补偿 Hosoo 电站附近金属轧钢厂产生的功率波动，如图 3-8[15] 所示。通过负荷波动功率与 66/11kV 变压器功率的对比，来验证 SMES 的补偿效果，现场测试结果表明，SMES 可以减小负荷波动功率，降低发电机无功功率。

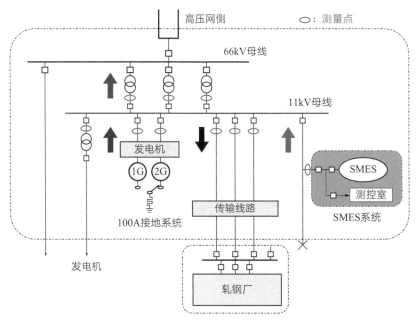

图 3-8　10MVA/20MJ SMES 并网示意图

2　中科院电工所 1MJ/0.5MVA SMES 系统

中科院电工所牵头研制了 1MJ/0.5MVA 的高温超导磁储能系统，由 44 个饼式线圈组成，工作在 4.2K 液氦环境中，由 4 个 G-M 制冷机冷却，如图 3-9[16] 所示。SMES 通过功率变换系统接入 10.5kV 电网。2011 年 2 月集成在甘肃省白银市 10.5kV 超导变电站内，为三家企业供电。

图 3-9　超导变电站中的 1MJ/0.5MVA 高温超导储能系统

3   中国电科院液氮温区 kJ 混合 SMES 系统

2007~2011 年，中国电科院采用高温超导材料 YBCO 涂层导体，率先构造出过冷液氮温区千焦级容量的混合式高温超导储能系统[17]。2011 年，在国家电网公司动模仿真中心的模拟 200km 输电线路上开展 SMES 在电网正常状态和故障状态下的动模运行，实现毫秒级内对电压跌落和功率波动的动态补偿，如图 3-10 所示。

图 3-10   中国电科院 SMES 动模试验现场

总结与分析

除了 SMES 系统的开发和制造工作外，也有不少学者在新结构概念设计、磁体仿真优化、系统控制、失超保护、系统并网运行、经济性评估等方面开展了很多研究工作。虽然 SMES 在提高电力系统稳定性和改善供电质量方面具有明显优势，但是受限于其身高昂的费用，SMES 还未能大规模进入市场，目前示范工程主要应用在场站，样机容量集中在 MJ 级，技术的可行性和经济价值将是 SMES 未来发展面临的重大挑战。

超导储能系统国内外研究进展情况如表 3-2 所示。

表 3-2   超导储能系统国内外研究进展

国家	研制单位	主要参数	年份	运行 / 测试情况
美国	美国洛斯阿拉莫斯国家实验室联合邦纳维尔电力局	30MJ/10MW	1983	华盛顿 Tacoma 变电站进行系统试验
	美国国家基础设施部	3MJ/8MVA	2004	并网试验运行

续表

国家	研制单位	主要参数	年份	运行／测试情况
美国	佛罗里达大学	100MJ	2004	试验测试
法国	法国国家科学研究中心	800kJ	2008	试验测试
德国	ACCEL、AEG 和 DEW	2MJ/800kW	1999	安装于 DEW，作为在线 UPS
日本	日本九州电力公司	3.6MJ/1MW	1999	安装于 Imajuku 变电站
	日本中部电力公司	20MJ/10MVA	2003	安装于 Hosoo 变电站
韩国	韩国电气研究院	3MJ/750kVA	2006	试验测试
	韩国电气研究院	5MJ	2012	试验测试
中国	中科院电工所	100kJ/25kW	2004	试验测试
	华中科技大学	35kJ/7.5kW	2009	动模试验
	中科院电工所	1MJ/0.5MVA	2011	集成于白银市 10.5kV 超导变电站内
	中国电科院	kJ 级	2011	动模试验
	华中科技大学	150kJ/100kW	2015	水电站试验测试
	武汉船用电力推进装置研究所	1.5MJ/1MW	2021	试验测测

3.3　超导限流器

3.3.1　技术原理

超导限流器的基本原理是将超导单元与传输线路串联，因为超导单元的电阻几乎为零，在正常运行时，其对系统的运行没有影响。发生故障时，在故障大电流冲击下，限流单元产生高阻抗，限制故障电流。当故障消失后，会自动恢复超导态。从超导限流器的通流／限流元件的阻抗性质来分，可分为电阻型和电感型两类，常见的电感型超导限流器有饱和铁芯型、屏蔽型和桥路型等。

（1）电阻型超导限流器最直接地利用了超导材料在超导态时电阻为零、

而在失超后具有一定电阻的特性。在电路正常输电时，超导元件处于超导态，电阻为零；当线路发生短路故障时，故障电流会使其失超，产生一个电阻，整个限流器成为高阻抗状态，抑制短路电流的水平。结构比较简单，对超导材料性能要求高，失超后会产生大量发热，移走热量后才能使超导元件恢复到超导状态。

（2）饱和铁芯型超导限流器主要由两个常规材料绕制而成的交流绕组、与直流电源相串联的超导绕组和铁芯结构组成。利用超导材料零电阻和载流密度大的特性，使用超导绕组可以大强度、低损耗地对电抗器铁芯励磁，通过改变铁芯的磁化状态来实现限流器的通流/限流元件阻抗的变化。响应时间快，故障限制期间超导线圈不失超，没有恢复时间，但是需要直流电源和铁芯，结构比较复杂。

（3）屏蔽型超导限流器利用超导材料的完全抗磁性或超导材料在高于其临界磁场下会失超的特性，主要包括外侧的由常规导体绕制而成的交流线圈、中间的超导屏蔽筒、内侧的铁芯结构和低温杜瓦。当电网发生短路故障后，外侧交流线圈中的短路电流迅速增大，过大的感应电流将导致超导屏蔽筒失超，此时交流线圈对外表现为一个大阻抗，同时屏蔽筒失去超导状态产生电阻。目前只能采用超导块材，制备难度较大，由于铁芯的存在，设备较重，故障恢复时间长。

（4）桥路型超导限流器主要包括一个由四个二极管组成的整流桥路，一个由超导材料绕制的直流电感线圈和一个直流偏置电压源，其中直流电感线圈与直流偏置电压源串联后接在二极管桥路的直流侧。当发生短路故障后，短路电流大于超导直流电感线圈的电流时，就会迫使桥路的一对对角二极管自动关断，直流超导电感就会自动串接到主线路中从而有效限制短路电流的上升速度和大小。桥路型超导限流器适于自动重合闸运行，但系统结构复杂，在高功率情况下对电力电子装置要求高。

3.3.2　国内外发展现状

1986年，高温超导材料的发现之后，世界各国竞相开始超导限流器的研究工作。1996年，瑞士的 ABB 公司利用高温超导 Bi2212 环作为屏蔽筒，成功研制出世界第一台挂网运行的 1.2 MVA 三相屏蔽型超导限流器。近十几年来，国内外研发成功了多种不同原理的高温超导限流样机，部分实现了挂网试验运行。以下简单介绍了近些年超导限流器的研究情况。

1 12kV/100A、12kV/800A 超导限流器

2009 年，Nexans SuperConductors GmbH 公司在欧洲投运了 2 个电阻型超导限流器项目。第一个 12kV/100A 超导限流器[18]，安装在英国西北电力公司的 Bamber Bridge 变电站，在中压电网中充当母线耦合器。该限流器由 Nexans 提供低温恒温器、超导电路、电流引线等，冷却系统、辅助断路器、电压互感器及控制保护设备由 Applied Superconductor Limited 公司进行配备和组装，是英国第一台并网运行的超导限流器；第二个 12kV/800A 超导限流器，如图 3-11[18] 所示，由 Nexans 公司提供整套系统，与德国 AG 公司合作，安装于德国 Vattenfall 的 Boxberg 发电厂，是世界上第一个在火力发电厂运行的高温超导装置。

图 3-11　12kV/800A 阻性超导限流器

2 云电英纳 220kV/800A 饱和铁芯型超导限流器

北京云电英纳超导电缆有限公司、天津百利机械装备集团有限公司和天津市电力公司等单位，从 2006 年开始联合研制 220kV/800A/300MVA 饱和铁芯型高温超导限流器，于 2012 年 12 月底在天津市石各庄变电站成功挂网运行，如图 3-12[19] 所示。该超导限流器是在电力系统应用的电压等级最高

的超导限流器之一。实际运行结果表明，各项性能指标达到预期效果，快速
响应时间小于 8ms，励磁恢复时间小于 600ms。

图 3-12　220kV/800A/300MVA 饱和铁芯型高温超导限流器

3　俄罗斯 220kV/1.2kA 超导限流器

2015 年，俄罗斯 SuperOx 公司开始牵头研制 220kV/1.2kA 超导限流器，
于 2019 年在莫斯科 Mnevniki 变电站投入运行，与变电站现有电抗器并联。
该超导限流器使用了约 25km 长、12mm 宽的 2 代 YBCO 高温超导带材绕制
而成，如图 3-13[20] 所示。在并网运行期间，向用户传输超过 8000 万 kWh
电量，并经历了三次故障电流事件。该超导限流器是在电力系统应用的电压
等级最高的超导限流器之一。

图 3-13　俄罗斯 2019 年运行的超导限流器

4　南方电网 160kV/1kA 超导限流器

　　广东电网公司、北京交通大学等共同研制的 160kV/1kA 电阻型超导直流限流器于 2019 年通过第三方测试，安装在南澳 VSC-HVDC 输电系统中，2020 年 8 月 17 日投入运行[21]，如图 3-14 所示。该超导限流器限流单元由 96 个不锈钢加强 YBCO 带材绕制的超导线圈构成，超导限流器通过了稳态电流试验、雷电冲击试验、操作冲击试验和直流耐压试验，并在现场开展了青汇线负极线路的人工短路试验。

图 3-14　160kV/1kA 超导直流限流器

5　中国电科院 10kV/100A 磁偏置高温超导限流器

　　2016 年，中国电科院研制了一台 10kV/100A 磁偏置高温超导限流器样机，由可变耦合磁路的常规电抗器和无感绕制的超导触发线圈组成，将电阻型超导限流器与双分裂电抗器进行拓扑连接，形成新型限流原理，实现二级限流功能。2019 年在辽宁省沈阳市虎石台高压试验场开展了 10.5kV 并网运行试验，2022 年在辽宁省辽阳市变电站挂网运行[22]，如图 3-15 所示。

图 3-15   磁偏置高温超导限流器在辽阳变电站挂网运行

▌ 总结与分析

经过 20 多年的发展，美国、德国、英国、韩国、日本、中国等企业及研究机构在超导限流器领域内有过诸多尝试，超导限流器的限流原理和拓扑结构种类众多，样机和试验研究覆盖 10～500kV 的多种交直流超导限流器，电网实际运行的超导限流器最高电压等级是 220kV。根据超导限流器在电网的示范运行情况，电阻型和饱和铁芯型超导限流器技术相对成熟，已研发了多组样机实现挂网运行。超导限流器是高温超导领域率先进入实用阶段的设备之一，随着超导材料成本的降低和整体设计与运维技术的成熟，超导限流器的产业化具有广阔的前景。

超导限流器国内外研究进展情况如表 3-3 所示。

表 3-3   超导限流器国内外研究进展

国家	研发单位	主要参数	运行时间	运行／测试情况
美国	Lockheed Martin 公司、Los Alamos 国家实验室	2.4kV/2.2kA	1993	南加州爱迪生变电站
	美国 General Atomics	15kV/1.2kA	1999	南加州爱迪生变电站
	美国 Zenergy Power	15kV/1.25kA	2009	南加州山丁变电站
	美国超导公司、西门子、Nexans 公司	115kV/900A	2010	试验测试
	Super Power 公司	138kV/1.2kA	2013	试验测试
瑞士	瑞士 ABB	10.5kV/70A/1.2MVA	1996	Loentsch 水电站

续表

国家	研发单位	主要参数	运行时间	运行 / 测试情况
英国	英国应用超导公司、Nexans 公司	12kV/100A	2009	英国 ENW 的 Bamber Bridge 变电站
	Nexans，ASL ENW	12kV/400A	2010	Liverpool 变电站
德国	RWE、Nexans	10kV/10MVA	2004	德国 Siegen 市郊的 Netphen 电网中
	Nexans，ASL，Vattenfall	12kV/800A	2009	德国萨克森 Boxberg 变电站
	Nexans 公司等	12kV/2.4kA	2014	德国埃森市赫克力斯（Herkules）变电站
意大利	RSE SPA	9kV/3.4MVA	2010	意大利圣迪奥尼吉变电站
	RSE SPA	15.6MVA	2012	米兰中压配电网
	RSE SPA	9 kV/1 kA	2016	意大利 outgoing feeder
俄罗斯	SuperOx 公司	220kV/1200A	2019	莫斯科 Mnevniki 变电站
日本	日本东芝、东京电力公司	66kV/1kA	2004	试验测试
	日本东芝、藤仓	6.6kV/600A	2007	试验测试
韩国	韩国 KEPRI	22.9kV/630A	2012	韩国利川变电站
	韩国 KEPRI	154kV/2kA	2014	高昌电力检测中心
中国	中科院电工所	10.5kV/1.5kA	2005	湖南娄底高西变电站
	云电英纳	35kV/1.2kA/90MVA	2008	云南省普吉变电站
	中科院电工所	10.5kV/1.5kA	2011	甘肃白银超导变电站
	云电英纳	220kV/800A	2012	天津市石各庄变电站
	广东电科院、北京交通大学	500kV/3.15kA	2017	试验测试
	国网江苏公司、江苏永鼎股份有限公司	20kV/400A	2020	江苏苏州吴江区
	广东电科院	160kV/1kA	2020	广东汕头南澳岛
	中国电科院	10kV/100A	2022	辽宁省辽阳市变电站

3.4 超导变压器

3.4.1 技术原理

超导变压器是一种通过采用高温超导导线取代铜导线绕制线圈，以液氮取代变压器油作为冷却介质，使高温超导线圈在液氮环境中运行，以达到提高能效、减少电力传输损失的变压器。

工作原理与常规变压器相同，超导变压器的主要组成部分是绕在闭合铁芯上的两个（或两个以上）线圈（绕组），通过电磁感应实现两个磁路之间的能量传递。当原边绕组接交流电源时，原边绕组中有交流电流流通而建立磁势，铁芯中便产生交变磁通。由电磁感应定律可知，在副边绕组中感生出同频率的交变电势。

超导变压器的结构，按照有无铁芯，可以分为铁芯式和空心式两大类。

1 铁芯式超导变压器

铁芯式超导变压器结构示意图如图 3-16 所示，主要由铁芯、高温超导绕组、低温杜瓦系统、引线及其他附件组成。

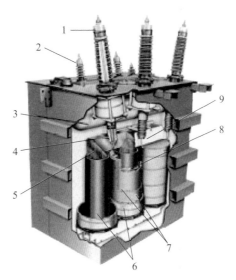

图 3-16 铁芯式超导变压器结构示意图
1—高压套管；2—低压套管；3—液氮导管；4—高压套管；5—铁芯；
6—玻璃钢低温杜瓦容器；7—原边 / 副边高温超导绕组；8—液氮；9—铁芯夹件

（1）铁芯。高温超导变压器铁芯采用常规涂绝缘漆的硅钢片或非晶合金片叠压而成。冷轧硅钢片的导磁性能高、磁滞损耗低，具有很强的导磁取向；非晶合金铁损只有硅钢片的 1/3，可以有效降低变压器的空载损耗，提高变压器效率，但是其磁密低、机械性能差，对变压器的制造要求较高。

（2）高温超导绕组。高温超导变压器绕组的型式主要有层式线圈和饼式线圈两种类型。由于超导绕组在低温环境下工作，超导带材的绝缘材料在低温下必须满足绝缘要求和机械强度要求。在高温超导绕组绝缘的结构设计中，绕组绝缘可基于氮气的绝缘强度进行设计以保留充足的安全裕度。

（3）低温杜瓦系统。超导绕组工作于低温环境，因此必须置于低温杜瓦容器中。适用于超导变压器的低温杜瓦采用铁芯与绕组分开的结构方式。铁芯仍工作于室温状态，由空气对流冷却；超导绕组工作于低温状态，低温介质起冷却和绝缘作用。由于变压器工作于交流状态，杜瓦通常由无磁非金属材料制成（一般为玻璃钢材料），以减少涡流发热。

（4）引线。由于超导绕组工作在低温状态，连接绕组与套管的引线有低温和室温两个区域过渡，一般采用铜棒材作为引线。因此，引线除了产生焦耳热以外，还有从室温向低温传导的热量，在引线设计时需要优化引线长度和截面积参数，使得焦耳热和传导漏热的和最小。

2 空心式超导变压器

利用超导体的高载流能力，去掉超导变压器的铁芯可制成超导空心变压器，此时，主磁通可设计在高于铁磁材料的饱和磁通密度，有利于降低超导变压器的体积和重量。但是由于空心变压器漏抗较大，且高温超导材料的载流性能有限，空心式超导变压器没有成为超导变压器的主流。

3.4.2 国内外发展现状

1 瑞士 630 kVA 三相超导变压器

ABB 公司和法国电力公司、瑞士日内瓦发电厂、洛桑工业大学联合开发了世界上首台容量为 630kVA，变比为 18.7kV/420V、11.2A/866A，工作频率为 50Hz 的三相高温超导变压器，于 1997 年 3 月在瑞士日内瓦电站进行了近一年的挂网试验运行[23]。该超导变压器阻抗为 4.6%，绕组采用第 I 代 Bi2223 超导带材绕制，铁芯为常规变压器硅钢片。

2　德国 60kVA 限流高温超导变压器

2010 年，德国卡尔斯鲁厄研究中心（FZK）采用第Ⅱ代高温超导带材设计完成 60kVA、1kV/600V 单相限流高温超导变压器样机，该样机原边绕组采用常规铜导线，副边绕组采用 YBCO 超导带材绕制，并成功完成了额定运行实验和失超及其恢复特性实验。

3　中科院电工所 630kVA、10.5kV/400V 超导变压器

中国科学研究院电工研究所和新疆特变电工有限公司于 2005 年联合研制出中国首台 630kVA、10.5kV/400V 三相高温超导变压器，并实现了在甘肃白银超导变电站的挂网示范运行。

4　中科院电工所 1250kVA、10.5kV/400V 超导变压器

中国科学院电工研究所于 2014 年进一步研制出 1250kVA、10.5kV/400V 三相高温超导变压器，并在甘肃白银科技工业园成功挂网试验运行[24]。

5　中国电科院 125kVA、6kV/400V 超导变压器

2021 年，由中国电力科学研究院牵头、联合中国科学院电工研究所和华北电力大学等完成了一台 125kVA、6kV/400V 具有限流功能的超导变压器样机研制，并开展了超导变压器样机基本性能参数、失超特性、恢复特性和限流特性测试，样机实测故障电流限制率为 65%，如图 3-17 所示。

图 3-17　中科院电科院 125kVA、6kV/400V 超导限流变压器

▌总结与分析

国内外目前开展的高温超导变压器研究中主要有 3 种类型：电力变压器、机车（牵引）变压器和限流变压器。经过近 20 年的发展，虽然国内外高温超导电力变压器研究取得了一定进展，并有几台成功地进行了挂网试验运行，但是大部分处于原理样机研究和试验测试阶段，目前以关键技术研究为主，实验样机集中在 10～35kV 电压等级、兆伏安容量，离商业化运行距离还较远。近几年来，第 Ⅱ 代高温超导带材技术取得了很大进展，由于其失超电阻率较高，限流变压器的研究引起了广泛关注。

国内外超导变压器技术研究进展情况统计如表 3-4 所示。

表 3-4　国内外超导变压器技术研究进展情况统计

国别	研究开发单位	主要技术参数	年份	运行 / 测试情况
美国	美国 Waukesha 电力公司联合 Superpower 公司	50MVA、24.9kV/4.2kV、单相	2004	研制成功
瑞士	ABB、法国电力公司等	630kVA、18.7kV/420kV 三相	1997	日内瓦挂网运行
日本	日本九州大学、Fujikura 公司等	2MVA、66kV/6.9kV 单相	2006	模型测试
韩国	韩国机电研究	60MVA、154KV/23kV 三相	2005	概念设计
德国	德国卡尔斯鲁厄研究中心	60kVA、1kV/0.6kV 单相	2010	试验测试
中国	中科院电工所、新疆特变电工	630kVA、10.5kV/400V 三相	2005	挂网示范运行
	株洲电力机车厂、华中科技大学	300kVA、25kV/860V 单相（牵引变压器）	2007	总体设计
	中科院电工所	1250kVA、10.5kV/400V 三相	2014	挂网试验运行
	上海交通大学	330kVA、10kV/220V 单相	2017	初步测试
	中国电科院	125kVA、6kV/400V 单相（限流变压器）	2021	试验测试

Chapter 4

超导电力技术发展趋势

超导技术被认为是 21 世纪最具战略意义的高新技术之一，拥有巨大的发展潜力和应用前景，超导技术的进步和实用化，将对国民经济和社会发展的诸多领域产生巨大的推动作用。中国作为世界制造业大国，加强超导电力技术的研究，开发出性能先进、市场竞争力强、有自主知识产权的先进超导电力装备，提升技术水平，符合中国电力工业长期健康发展的需求。

超导电力技术是解决电力系统中若干难题的一项革命性技术，将超导技术应用于电力系统，无论是从装置特性还是从系统特性上，都可以取得若干使用常规技术无法实现的性能。超导技术在电力工业中的应用，可以大幅度提高输配电线路输送容量、降低网损、提高系统稳定性、改善电能质量、减少电力设备占地和环境污染。以下将分别针对超导电缆、超导储能、超导限流器、超导变压器，从未来可能的应用场景、后续的研究重点及未来发展趋势进行分析总结，最后，提出超导电力技术发展路线图。

4.1　超导电缆

4.1.1　超导电缆的应用场景分析

超导电缆具有载流高、容量大、损耗低的技术优势，这些特点使其可以在某些特定环境和特殊地域条件下率先获得应用，为常规输电技术无法满足的需求提供解决方案，如：

（1）大城市负荷密集区供电。城市核心区负荷密度较大，按照供电区域划分处于 A 类区域及以上，负荷密度一般在 $20MW/km^2$ 以上并保持一定的增长速度，在城市发展的不同阶段需要对电网进行升级改造以适应用电需求。但是城市人口密度的增加导致土地资源日趋紧张，城市地下空间同样面临严重拥堵、管廊资源不足的局面而通过常规输电技术进行容量提升需要提高电压等级、增加变电容量、扩展输电通道，这在很多大型城市中是难以实现的。因此对城市核心区进行电网升级改造时，可以利用超导电缆取代部分受空间、容量等限制的常规电缆，解决未来大城市、高负荷密度地区供电的技术难题。

（2）工业园区直流负荷供电。随着直流技术发展，工业园区直流负荷数量显著增加，采用传统交流输电受限于系统传输能力，并需要在用户侧配置大量变流器，设施建设及传输损耗均较大。当采用直流输电并在关键线路使用高温超导电缆，则能够以较低的电压等级达到向园区直流负荷供电的目的，省去了高压直流输电设施的建设及绝缘带来的投资成本。同时，直流输电可以方便分布式电源、储能等并网运行，提升电网接纳能力。

（3）大型交流电网分区互联。随着电力需求的增加和电网规模的扩大，为提高供电可靠性和供电能力，需要构建区域电网之间的互联与转供通道。直流输电技术能够克服交流相位与频率差异带来的互联困难，具有实现交流电网分区互联的技术优势。采用超导直流电缆实现交流电网的背靠背互联，可以无需提升电压等级，利用低电压等级换流设施满足系统间大交换功率的需求。

（4）山口、峡谷等输电走廊受限区域的电力输送。随着电力负荷的逐步提高，很多现有输电系统的输送容量日趋饱和，而新建、扩建输电线路的困难日益增大。超导电缆的传输容量大、走廊需求小，在某些容量饱和、走廊受限区域，可以替代常规线路，实现更大容量的电力输送。

（5）发电厂、变电站和金属冶炼等工业用大电流母线。目前，发电厂和变电站的大电流母线都采用常规导体制作，由于电流大，因此焦耳热损耗很大。若采用超导电缆做大电流母线，不仅可以大大减少损耗，还可降低母线占用空间。现代冶炼工业（钢铁、铜、铝等冶炼）耗电量非常大，常采用低电压大电流直流供电，电源与电解槽之间距离不长，但电流很大，达几万甚至十几万安，导致母排的能耗非常大。若采用高温超导直流电缆，由于其电阻几乎为零，可大大降低电能损耗。

（6）电力/燃料多种能源协同输送。超导电缆具有载流量大、损耗低等优点，相同电压等级下，传输容量可以达到常规输电线路的 5～10 倍，但是超导电缆工作时需要维持低温环境。以液体形式输送清洁燃料如氢、液化天然气（LNG）、乙烯等，具有能量密度高、单位容积输送量大的优点，同样也需要维持一个低温工作环境。因此，充分利用两者在低温方面的共同需求，选用低温液体燃料冷却超导电缆，共用制冷系统和绝热管道，构建超导能源管道系统，实现电力与液体燃料一体化输运，可提高综合运行效率、降低成本，符合未来能源大规模集输的需求。

4.1.2 超导电缆技术后续研发重点

国内外超导电缆输电技术在材料制备、基础研究、系统设计、电缆制作和系统应用技术等方面已有相当基础，但是在示范工程建设与应用方面，开展的工作仍然有限，除了要持续提高和改善超导电缆的技术和经济性外，工程应用过程中一些问题仍有待探究，主要涉及以下几个方面：

（1）关键技术研究与核心性能提升。超导电缆现在并没有不可逾越的技术瓶颈，但传输密度、能耗等综合性能还有提升的空间；电缆接头技术及管道修复和更换技术仍待突破；电缆及附件过程形变、局放等在线监测手段尚未成熟；超导电缆的低温高压绝缘技术、运行可靠性、全寿命周期成本等问题的研究有待深入。

（2）超导电缆系统试验技术研究及其标准规范建立。国际上在超导电缆部件生产、出厂检测、安装和系统集成过程中均无通用标准和规范可以遵循。IEC TC90：Superconductivity 已颁布 15 项超导标准，仅涉及超导带材的临界电流、损耗等的测试方法。针对超导电缆，2012 年，TC90 和 TC20：Electric Cables 共同委托 CIGRE 进行前期准备，相关标准仍在起草阶段；仅有日本 Furukawa 和韩国 LS cable 公司发布了超导电缆部分性能测试的企业标准。

（3）超导输电技术的应用方式及超导电缆应用的技术条件需进一步明晰。大容量超导输电技术近期适用场合和技术条件尚未明确，现有国内外超导输电示范工程一般为常规线路的替换，均很难实现长时间、满负荷运行。整体上尚未有基于超导输电特征的全超导电网的规划设计和工程建设。

（4）与超导电缆配套的换流及变电等技术／设备研究。涉及与超导电缆容量匹配的高载流、大容量换／变流站一次设备及考虑超导电缆特性的监控、继保等二次设备，包括站内规划、环境评估、高载流变压或换流器设计开发等。

（5）超导电缆及线路运行稳定性与继保体系的形成。由于超导电缆故障过程中各外特性参数变化规律掌握不足，需要提出故障机理及测寻方法、特性分析与阈值整定方法及超导线路的实用化保护策略，掌握低温、高压、真空环境下的干扰抑制、信号识别和数据处理技术，获得与传统继电保护系统的匹配与配置方法，建立含超导设备电网的动态稳定性、经济运行、优化控制和安全保障的理论基础，以确保运行高效、可靠。

（6）超导电缆敷设、线路建设与运维技术。建成的超导输电试验示范工程数量少，运行年限相对较短，工程建设和运行维护经验缺乏，线路接入、运行技术和过程施工与质量管控技术缺乏，技术积累与规模化应用的需求存在一定差距。

4.1.3   未来发展目标

到 2030 年，超导输电技术发展逐步成熟，可靠性和性价比提升，将在大城市负荷中心供电、狭窄走廊主干电网、交 / 直流互联环网、可再生能源接入中发挥重要作用，在需求特殊且常规技术难以解决的一些场合获得工程应用，实现数十公里至百公里级超导输电网示范运行。

到 2050 年，超导输电技术得到大力发展，在技术和经济性上具备与常规技术 / 装备竞争的基础，超导输电技术实现规模化应用。输送液氢或液化天然气与输送电力有机结合的超导能源管道技术得到实际应用，并将极大改变传统能源与电力的输送格局。

4.2   超导储能

4.2.1   超导储能的应用场景分析

（1）电网调峰。在目前技术水平下，建造能对应局域电网峰谷容量的超导储能磁体都存在困难，因此只能在分散电力系统中或小型独立电力系统中发挥作用。

（2）备用电源。超导储能系统高性能的储能特性可用来储存应急的备用电力或作为重要设备的不间断电源。

（3）提高电力系统稳定性。超导储能系统是一个可灵活调控的有功功率源，可以主动参与系统的动态行为，既能调节系统阻尼力矩又能调节同步力矩，因而对解决系统滑行失步和振荡失步均有作用，并能在扰动消除后缩短暂态过渡过程，使系统迅速恢复稳定状态。超导储能系统还可用来消除互联电力系统中的低频振荡，抑制次同步谐振和次同步振荡，稳定系统的频率和电压。

（4）无功补偿。超导储能系统同样可以灵活地调控无功功率，进行单纯的无功功率补偿。

（5）改善供电品质。在配电网或用户侧，超导储能系统可以用作敏感负载和重要设备的不间断电源，同时解决配电网中发生异常或因主网受干扰而影响配电网向用户供电的问题。超导储能系统可以改善功率因数，稳定电网周波，与动态电压恢复器配合还可以减少或消除短时停电、电压瞬态突降、谐波、瞬态脉冲或瞬态过电压等干扰对用户的影响，从而改善供电品质。

（6）分散电源系统能量管理。超导储能系统的高效储能与快速功率调节能力也可适合用于分散电源场合，只需使用小型或微型超导储能系统单元即可实现功率平滑输出和维持电压稳定的作用。

4.2.2　超导储能后续研发重点

（1）超导带材方面。开发大电流、高强度、低损耗的超导复合导体，满足兆焦以上大容量超导储能的需求。

（2）大容量高温超导磁体技术。综合考虑材料尺寸、机械特性、临界电流、材料用量等参数，研究大容量高温超导磁体设计和优化方法。

（3）超导储能系统控制与保护技术。研究超导储能系统的拓扑结构和控制策略，以高效、大功率和宽可控范围为目标，实现对电网有功和无功支持。综合考虑故障模式和失超保护机制，以确保配备超导储能系统的电力系统可靠安全运行。

（4）超导储能系统并网运行技术。研究超导储能系统集成技术、电网运行方式和测试技术等，探索基于超导储能的多元复合型储能系统结构形式，为超导储能系统示范工程长期运行提供技术基础。

（5）变流器技术。抑制谐波，降低损耗，提高可靠性和安全性等。

4.2.3　未来发展目标

到 2030 年，突破大型超导磁体设计、失超保护、并网示范运行等关键技术，实现高温区运行的 10MJ 超导储能系统集成与示范应用，对重要和特殊场景实现保障支撑。

到 2050 年，超导带材成本降低，超导储能各相关部件的技术能力达到成熟水平，探索多元 / 多功能复合型超导储能系统，实现 100MJ 甚至吉焦级超导储能系统商业化应用。

4.3   超导限流器

4.3.1   超导限流器的应用场景分析

近年来，线路短路故障频发成为危害电网运行安全的重大隐患之一。超导限流器响应速度快、正常运行对电网影响小，因此在保护变电站主变及相关设备和保护交直流输电线路方面产生了越来越多的需求。

（1）保护变电站主变及设备。超导限流器适于安装在单电源线路主变的二次侧与配电分流母线之间，或安装在多电源配电电网中短路电流较大的一个或几个支线上，用来保护变电站母线、主变及相关设备。

（2）保护交直流输电线路。超导限流器适于安装在交直流输电线路的中部或末端，通过限制短路电流的幅值和持续时间，减轻对线路和设备的损坏程度；也可安装在两个区域电网的连接点，减小一个电网发生短路故障对另一个电网的影响；也适用于复杂的超高压环网，用在短路电流较大的一个或几个支线上，保护骨干环网的安全。

（3）多场景综合应用。结合现代电网的发展需求，超导限流器已不再仅局限于配合断路器动作，而是朝向多功能、多用途的应用方向发展。例如：通过超导限流器与分布式电源及储能装置的协调配合，提高分布式电源的低电压穿越能力；在网络中的关键节点合理安装超导限流器，防止电压骤降并改善电能质量，从而提升电网运行的安全性与可靠性。

4.3.2   超导限流器后续研发重点

超导限流器是研究最为活跃的一种超导电力装置，也是被认为可以率先达到实际应用的一种超导电力装置。但是，要将超导限流器实际应用到电力系统仍然有若干关键问题需要解决。除了提高超导带材的技术、经济性能及冷却系统效率等一般超导电力装置共同面临的问题之外，还需要围绕以下方面开展研究：

（1）高电压等级和大容量超导限流器设计。受限于高压绝缘性能与超导单元无感结构，目前大容量超导限流器需要多个超导单元串并联来增大通流能力和限流阻抗，这不仅增大了超导材料的用量和成本，还带来了超导单元的均压和环流问题，甚至引起结构受力不稳定，导致超导限流效果受到影响。因此，高压绝缘与载流容量成为超导限流器在高压电网推广应用的关键瓶颈。

（2）超导限流器的多功能融合。超导限流器的设备性能、经济性及运行可靠性是分析与评估其能否在电网中得到广泛使用的决定性因素之一。随着电力电子技术、集成控制技术、计算机与通信技术的发展，超导限流器逐渐呈现出与其他电力设备（电力电缆、断路器和变压器等）功能融合的发展趋势，因而采用多种技术进行融合并通过集成创新的方式充分提高超导限流器的工作性能与市场竞争力，是当前的研究重点。

（3）超导限流器与现有电网的协调运行。限流水平的设定及和电力系统现有断路器、继电保护手段相互配合的问题，超导体（线圈）在限流中的热量对装置本身特性和安全性影响的问题，在利用了超导状态改变特性的超导限流器中限流动作后的状态恢复问题，这些问题的研究也都需要专门开展。

4.3.3　未来发展目标

到 2030 年，采用复合缆线的新型超导限流器取得突破，超导限流器结合常规技术实现功能复合化或综合利用将成为发展趋势，超导限流器在电网关键节点得到初步应用。

到 2050 年，超导限流器模块化和智能化技术成熟，设备运行可靠性和经济性问题已经解决，适用于高压和特高压线路的超导限流技术在电力系统中获得推广应用。

4.4　超导变压器

4.4.1　超导变压器应用场景分析

高温超导变压器通过采用高温超导材料取代铜导线绕制超导线圈，以液氮取代变压器油作为冷却介质，其结构与工作原理与常规变压器完全相同。近年来，高温超导变压器研发呈现两个明显的特征：一是依赖于超导材料的进步，提升了高温超导变压器性能特性、降低了整体能耗和运行成本；二是在功能化提升方面，针对超导变压器研究了其故障限流能力，增加了性价比和竞争力。现阶段，随着超导电力技术的发展和高温超导材料的商品化，高温超导变压器由实验阶段转入实际工程应用的步伐将进一步加快。主要有以下的应用场景：

（1）大容量超导变压器直接替代常规变压器，通过使用超导材料实现超导变压器体积和重量的降低及效率的提高。同时，采用液氮等冷却介质浸泡冷却，变压器的冷却效果好，安全裕度可以专门设计，非常适用于需要频繁过载运行的场合，只要低温制冷系统满足运行要求，超导变压器的运行温度就不会因频繁过负荷而升高，不会影响绝缘寿命。

（2）可以充分利用高温超导带材失超后产生的大电阻，选用不锈钢等电阻率高的材料作为超导带材的加强材料，在超导变压器遇到过电流故障时，超导带材超导态／正常态的转变可以提供较大的电阻，抑制线路的过电流，提升线路运行的安全性。

4.4.2 超导变压器后续研发重点

（1）经济性问题。高温超导材料的价格偏高、低温制冷运行费用高等问题，使得小容量高温超导变压器与等容量的常规变压器相比在经济上没有明显优势。一般认为，只有容量超过数十兆伏安以上时，高温超导变压器才可能具有一定的经济可行性。

（2）在高压或超高压应用技术。实用超导材料厚度仅为 0.1mm 左右，绝缘处理困难，也容易产生尖端放电。为了改善绕组波分布和提高雷电击穿强度，几乎不可能实现采用常规连续式、插入屏蔽式、纠结式技术工艺制造高温超导变压器绕组。超导变压器在高压或超高压应用技术难度较高。

（3）非金属低温容器技术。为了避免在变压器杜瓦上产生较大的损耗和发热，超导变压器通常选用非金属杜瓦。不同于不锈钢低温容器，非金属低温容器材料玻璃钢本身具有放气特性，真空难以长期维持，需要定期对其抽真空，给超导变压器的运行和维护带来很多困难。此外，玻璃钢材料受紫外线影响严重，长时间暴露在阳光下会加进老化。

（4）非金属真空密封技术。采用非金属杜瓦时，在低温条件下，非金属与金属之间的真空密封技术也是需要攻克的技术难题。

（5）超导变压器绕组的制备工艺。并联导线、并联绕组的导线换位和环流抑制技术。

4.4.3 未来发展目标

到 2030 年，超导变压器和超导限流变压器得到示范应用，超导变压器的体积、重量、效率优势得到一定程度的展现。

到 2050 年，超导带材性能和价格极大改善，非金属杜瓦等技术获得突破，超导变压器具备与常规变压器竞争的能力，100 MVA 以上容量的超导变压器得到应用，实用化的全超导变电站得到广泛应用。

4.5 超导电力技术发展路线图

综合前文内容，从基础研究到超导电力应用技术未来的发展情况归纳总结如图 4-1 所示。

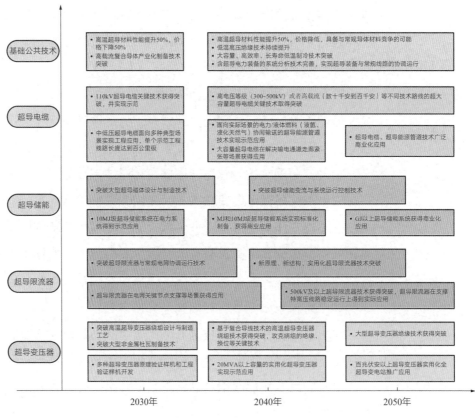

图 4-1　超导电力应用技术发展路线图

Chapter 5

总结与展望

超导电力技术具有载流高、容量大、损耗低、节省走廊和安装空间等优势，可以大幅度提高输配电线路输送容量、降低网损、提高系统稳定性、改善电能质量、减少电力设备占地和环境污染，可广泛应用在电力系统的发、输、配、用、储等多个环节，是解决电力系统中若干难题的一项革命性和颠覆性的技术。对超导电力技术发展现状及未来发展趋势进行分析，可得到如下结论：

（1）从 1986 年发现高温超导材料，到 2000 年前后 Bi 系和 Y 系高温超导带材先后实现产业化制备，高温超导材料的临界转变温度高于液氮（77K，–196℃）的气化温度，这就使资源丰富、价格低廉的液氮作为超导装备的冷却介质成为可能，低温制冷技术的难度和费用得到了极大的改善，为超导电力技术的规模化应用提供了不可缺少的前提，高温超导电力应用技术的研究与应用成为国际超导领域关注的热点之一。

（2）经过二十多年的发展，随着研发投入增加、产业升级及电网等诸多用户企业的积极参与，目前 Bi 系和 Y 系高温超导带材均已实现国产化，高温超导电力技术的研究和应用也正在向国际先进水平靠近，个别指标已进入国际先进行列。以超导输电技术为例，国内上海 35kV/2.2kA/1.2km 超导输电示范工程实现了一回超导线路替代 4～6 回同电压等级常规线路，国际韩国实施了 154kV/2.25kA/1km 济州岛示范工程，在未来发展方面，欧盟计划在 2027 年建成最长 50km、50kV 超导直流输电网。总体上研判，超导电力技术发展处于从实验室研究向工程示范和工程应用转变的阶段。

（3）高温超导材料价格高导致超导电力装备造价高是制约超导电力技术推广应用的重要因素之一。经过二十多年的发展，超导带材的机械性能、导线连续生产和封装技术等方面的进步，高温超导带材的性能指标和价格有了明显的改善。以 4～5mm 宽的标准 YBCO 高温超导带材为例，性能上临界电流从产业化初期的 80～90A 提升到现在的 180～200A 以上，价格上从 300～400 元 /m 降低到现在的不足 200 元 /m，但是综合来看，超导带材的价格仍然是相同载流能力的铜导线价格的 4～5 倍。未来，新体系超导材料的发现和产业化突破，或现有高温超导材料在性能与成本上得到极大改善，使得超导带材的技术经济性优于铜铝等常规导电材料，超导电力装备在成本上才真正具备与常规电力装备竞争的可能。

（4）超导电力装备的技术成熟度不足、示范工程和大型低温制冷系统等辅机系统长时间运行的可靠性未经充分检验是制约超导电力技术推广的另一个重要因素。超导电力装备研究和示范工程性质上都属于"定制化"产品，国际和国内在超导电力装备生产和检验方面的标准规范严重缺失。示范工程数量少、运行时间短，所积累的工程经验和运行数据缺乏普适性。因此，逐步提升超导电力技术的经济性、降低制造成本，加强标准体系建设并逐步提升技术成熟度，通过典型场景的示范工程建设和运行积累更多工程经验是未来发展的方向。

（5）要做好超导电力技术发展的顶层规划。加强低温高压绝缘技术等基础研究；突破大功率、高效率、长寿命、低成本的低温制冷技术；加强超导电力装备的建模仿真、系统分析、与电网的匹配协调运行等一系列关键技术研究；强化研发目标和实际需求的结合度，优选典型应用场景和示范工程选址。在超导电力技术研究和应用方面做好系统布局，促进中国超导电力的发展，实现技术发展从跟跑向并跑和领跑迈进。

（6）要优化发展模式。统筹国内优势单位的技术和人才资源，构建多层次创新人才梯队和培养体系，组建包括基础研究、应用研究、技术开发和成果转化等环节在内的完整技术创新和产业发展链条。依托国家电网公司丰富的应用场景条件，积极有序推进示范工程建设；通过创新联合体等合作模式，面向国内能源、电力、冶金等行业的实际应用需求，推动超导应用技术的多元化发展，打造超导新兴产业集群和技术创新策源地，促进协同发展。

参考文献

[1] 信赢，任安林，洪辉，等 . 超导电缆 [M]. 北京：中国电力出版社，2013.

[2] Xue Ming, Yingjie Zhang, Xiyu Zhu, et al. Absence of near-ambient superconductivity in $LuH_{2\pm x}N_y$[J]. Nature, 2023, 620: 72-77.

[3] Sukbae Lee, Jihoon Kim, Hyun-Tak Kim, et al. Superconductor $Pb_{10-x}Cu_x(PO_4)_6O$ showing levitation at room temperature and atmospheric pressure and mechanism [EB/OL].[2023-8-11]. https://arxiv.org/abs/2307.12037.

[4] Junwen Lai, Jiangxu Li, Peitao Liu, et al. First-principles study on the electronic structure of $Pb_{10-x}Cu_x(PO_4)_6O$ (x=0, 1) [J]. Journal of Materials Science & Technology, 2024, 171: 66-70.

[5] Li Liu, Ziang Meng, Xiaoning Wang, et al. Semiconducting transport in $Pb_{10-x}Cu_x(PO_4)_6O$ sintered from Pb_2SO_5 and Cu_3P [J]. Advanced Functional Materials, 2023, 33 (48): 2308938.

[6] Kaizhen Guo, Yuan Li, Shuang Jia. Ferromagnetic half levitation of LK-99- like synthetic samples [J]. Science China Physics, Mechanics & Astronomy, 2023, 66: 1-7.

[7] Shinlin Zhu, Wei Wu, Zheng Li. First-order transition in LK-99 containing Cu_2S [J]. Matter, 2023, 6(12): 4401-4407.

[8] 孙瑜 . 院士专家共议超导前沿话题 [N]. 科技日报 , 2023-8-30(3).

[9] 丘明 . 超导输电技术在电网中的应用 [J]. 电工电能新技术 , 2017, 36(10):55-62.

[10] J. F. Maguire, J. Yuan, W. Romanosky, et al. Progress and Status of a 2G HTS Power Cable to Be Installed in the Long Island Power Authority (LIPA) Grid[J]. IEEE Transactions on Applied Superconductivity, 2011, 21(3): 961-966.

[11] Mark Stemmle, Frank Merschel, Mathias Noe, et al. AmpaCity-Advanced superconducting medium voltage system for urban area power supply[A]. In: 2014 IEEE PES T&D Conference and Exposition[C]. Chicago: IEEE, 2014: 1-5.

[12] Lee S R, Lee J J, Yoon J, et al. Impact of 154-kV HTS cable to protection systems of the power grid in South Korea[J]. IEEE Transactions on Applied Superconductivity, 2016, 26(4): 5402404.

[13] 中天制造：国内首条 10 千伏三相同轴高温交流超导电缆完成敷设 [J]. 现代传输 , 2021(4):16.

[14] 马爱清，张杨欢，吕江平，等 . 首条国产公里级高温超导电缆输电特性分析 [J]. 电网技术 , 2022, 46(3):1206-1213.

[15] Katagiri T, Nakabayashi H, Nijo Y, et al. Field test result of 10 MVA/ 20 MJ SMES for load fluctuation compensation[J]. IEEE Transactions on Applied Superconductivity, 2009, 19(3): 1993-1998.

[16] Shaotao Dai, Liye Xiao, Zikai Wang, et al. Development and demonstration of a 1 MJ High- Tc SMES[J]. IEEE Transactions on Applied Superconductivity, 2012, 22(3): 5700304.

[17] 丘明，诸嘉慧，魏斌，等．高温区运行 Micro-SMES 研发及其系统仿真分析 [J]. 储能科学与技术，2013, 2(1):1-11.

[18] Bock J, Bludau M, Dommerque R, et al. HTS fault current limiters-first commercial devices for distribution level grids in Europe[J]. IEEE Transactions on Applied Superconductivity, 2011, 21(3) : 1202-1205.

[19] Y Xin, W Z Gong, H Hong, et al. Development of a 220 kV/300 MVA superconductive fault current limiter[J]. Superconductor Science and Technology, 2012, 25(10): 1-7.

[20] Moyzykh M, Gorbunova D, Ustyuzhanin P, et al. First Russian 220 kV Superconducting Fault Current Limiter (SFCL) For Application in City Grid[J]. IEEE Transactions on Applied Superconductivity, 2021, 31(5): 5601707.

[21] Meng Song, Shaotao Dai, Chao Sheng, et al. Design and Performance Tests of a 160 kV/1.0 kA DC Superconducting Fault Current Limiter[J]. Physica C: Superconductivity and its applications, 2021, 585:1-10.

[22] Jiahui Zhu, Nan Zheng, Defu Wei, et al. Experimental Tests of Critical Current and AC Loss for a Self-Triggering High Temperature Superconducting Fault Current Limiter (SFCL) With Magneto-Biased Field[J]. IEEE Transactions on Applied Superconductivity, 2021, 31(8): 5602904.

[23] 付珊珊 . MVA 容量超导涂层导体变压器绕组电磁设计及稳定性初步研究 [D]. 北京：中国电力科学研究院有限公司 , 2015.

[24] 陈敏，余运佳，肖立业 . 高温超导变压器的特点与发展前景 [J]. 低温与超导 , 2001, 29(4):50-55.